全国水利水电高职教研会规划教材

建筑工程经济

主　编　邵元纯　余燕君

副主编　王富华　金明祥

　　　　黄怡鋆　南　博

主　审　张　迪

中国水利水电出版社
www.waterpub.com.cn

内 容 提 要

本书根据技能型人才培养的特点，按照《建设工程工程量清单计价规范》（GB 50500—2013）编写。从建筑工程清单报价编制核心技能着手，着重讲解编制工程量清单计价的规范要求和具体的操作思路，使学生能有一般土建工程的清单报价书编制的系统概念，并结合实际工程案例，力求突出适用性。

本书共7章，内容具体包括：绪论；工程经济分析的要素；工程经济效果评价方法；工程项目可行性研究；工程项目不确定性经济分析；价值工程；工程项目财务评价。

本书可作为高职高专工程造价、工程管理及建筑工程技术专业的教材，也可作为本科院校、函授、自学辅导及造价员考试用书，另外还可作为从事招标、投标工作及相关工程管理人员的参考用书。

图书在版编目（CIP）数据

建筑工程经济 / 邵元纯，余燕君主编. -- 北京：
中国水利水电出版社，2014.5（2021.7重印）
全国水利水电高职教研会规划教材
ISBN 978-7-5170-1951-0

Ⅰ. ①建… Ⅱ. ①邵… ②余… Ⅲ. ①建筑经济－高
等职业教育－教材 Ⅳ. ①F407.9

中国版本图书馆CIP数据核字(2014)第090332号

书　　名	全国水利水电高职教研会规划教材 **建筑工程经济**
作　　者	主　编　邵元纯　余燕君 副主编　王富华　金明祥　黄怡鋆　南博 主　审　张迪
出版发行	中国水利水电出版社 （北京市海淀区玉渊潭南路1号D座　100038） 网址：www.waterpub.com.cn E-mail：sales@waterpub.com.cn 电话：（010）68367658（营销中心）
经　　售	北京科水图书销售中心（零售） 电话：（010）88383994、63202643、68545874 全国各地新华书店和相关出版物销售网点
排　　版	中国水利水电出版社微机排版中心
印　　刷	北京瑞斯通印务发展有限公司
规　　格	184mm×260mm　16开本　10印张　237千字
版　　次	2014年5月第1版　2021年7月第3次印刷
印　　数	4001—7000册
定　　价	**36.00元**

编 审 委 员 会

前言
qianyan

　　建筑工程经济方面的知识是从事土木工程管理、施工及造价的工程技术和管理人员必备的基础知识，该课程作为工程管理学科的一门专业基础课程，一般在专业人才培养方案中作为土木工程及相关专业的学科课程，既具有相对的独立性，又与相关基础课程和后续专业课程有密切联系。

　　本书编写目的在于使学生掌握工程经济学的基本原理和分析方法，培养学生具备工程经济分析的初步能力，运用工程经济的分析方法来分析和评价土木工程涉及的技术经济问题，为投资决策提供科学依据。本书将建筑经济学与财务管理等课程体系相结合，按照高职高专学生的接受能力而编写，教材内容丰富，知识面广，可作为建筑专业相关注册考试的参考用书。

　　全书共分7章，包括：第1章绪论；第2章工程经济分析的要素；第3章工程经济效果评价方法；第4章工程项目可行性研究；第5章工程项目不确定性经济分析；第6章价值工程；第7章工程项目财务评价。

　　本书由湖北水利水电职业技术学院邵元纯、余燕君担任主编并统稿，杨凌职业技术学院张迪担任主审。编写人员分工如下：第1章、第2章由湖北水利水电职业技术学院余燕君编写；第3章由湖北水利水电职业技术学院邵元纯编写；第4章由湖北水利水电职业技术学院薛艳编写；第5章由湖北水利水电职业技术学院董伟、王中发编写；第6章由内蒙古机电职业技术学院金明祥编写；第7章由武汉船舶职业技术学院陈世宁编写。此外，铁四院（湖北）工程监理咨询有限公司王富华监理工程师与武汉钢铁集团民用建筑工程有限责任公司南博高级工程师对部分章节内容进行了审核，武汉大学黄怡鋆也帮助校核，在此一并表示感谢。

　　由于作者水平有限，书中疏漏和不妥之处在所难免，望读者不吝指正。

编　者

2013 年 12 月

目　　录

第1章 绪 论

【学习目标】

本章要求学生了解建筑工程经济学研究的目的和相关的基本概念、基本特点，以及建筑工程经济学与其学科体系的关系，重点要求了解建筑工程经济学的研究对象与范畴。

1.1 工程经济学的产生与发展

人类社会的发展以经济发展为标志，而经济发展依赖于技术进步。任何技术的采用都必然消耗人力、物力、财力等各类自然资源以及无形资源。这些有形和无形资源都是某种意义下的稀有资源，例如，对于人类日益增长的物质生活和文化生活的需求，再多的资源都是不足的。另外，同一种资源往往有多种用途，人类的各种需求又有轻重缓急之分，因此，如何把有限的资源合理地配置到各种生产经营活动中，是人类生产活动有史以来就存在的问题。工程经济学的产生至今有100多年，其标志是1887年美国的土木工程师亚瑟·M·惠灵顿出版的著作《铁路布局的经济理论》。到了1930年，E·L·格兰特教授出版的《工程经济学原理》教科书奠定了经典工程经济学的基础。1982年，J·L·里格斯出版的《工程经济学》把工程经济学的学科水平向前推进了一大步。近代工程经济学的发展侧重于用概率统计进行风险性、不确定性等新方法研究以及非经济因素的研究。我国对工程经济学的研究和应用起步于20世纪70年代后期。现在，在项目投资决策分析、项目评估和管理中，已经广泛地应用了工程经济学的原理和方法。

1.2 建筑工程经济的相关概念

1. 建筑工程

建筑工程，指通过对各类房屋建筑及其附属设施的建造和与其配套的线路、管道、设备的安装活动所形成的工程实体。

2. 技术

技术是人类在认识自然和改造自然的反复实践中积累起来的有关生产劳动的经验、知识、技巧和设备等。工程技术与科学是既有联系又有区别的两个概念，一般认为，科学侧重于发现和寻找规律，而技术侧重于应用规律。

一般来说，生产技术包括以下4个方面。

（1）劳动工具（主要标志）。

（2）劳动技能。

（3）生产作业的方法。

（4）生产组织和管理方法。

它们之间具有彼此促进、相互发展的关系。

3. 经济

经济一词在不同层面有不同含义，常见有以下几种。

（1）经济是指生产关系。经济是指人类社会发展到一定阶段的经济制度，是人类社会生产关系的总和，也是上层建筑赖以存在的经济基础。如国家的宏观经济政策、经济分配体制等就是这里所说的经济。

（2）经济是指一国的国民经济的总称，或指国民经济的各部门，如工业经济、农业经济、商业经济、邮电经济等。

（3）经济是指社会生产和再生产的过程，即物质资料的生产、交换、分配、消费的现象和过程。社会生产和再生产中的经济效益、经济规模就是指这里的经济。

（4）经济是指节约或节省。就是指在社会生活中，如何少花资金、节约资金。如日常生活中的经济实惠、价廉物美就是指这里的经济。

以上经济的几种含义中，（1）、（2）属于宏观的经济范畴，（3）、（4）属于微观的经济范畴。工程经济学中涉及的经济既有宏观的又有微观的经济含义，但本书侧重于微观经济的含义。因此，本书中的经济是指人类在社会生产实践活动中，如何用有限的投入获得最大的产出或收益的过程。

4. 建筑工程经济分析

建筑工程经济分析是根据建筑产品及其生产特点，研究和阐述了社会主义市场经济条件下建筑工程经济运动和发展的客观规律。

1.3 工程技术与经济的关系

可见，工程技术有两类问题：一类是科学技术方面的问题，侧重研究如何把自然规律应用于工程实践，这些知识构成了诸如工程力学、工程材料学等学科的内容；另一类是经济分析方面的问题，侧重研究经济规律在工程问题中的应用，这些知识构成工程经济类学科的内容。

同样，一项工程能被人们所接受必须做到有效，即必须具备两个条件：一是技术上的可行性；二是经济上的合理性。在技术上无法实现的项目是不可能存在的，因为人们还没有掌握它的客观规律，而一项工程如果只讲技术可行，忽略经济合理也同样是不能被接受的。人们发展技术、应用技术的根本目的，正是在于提高经济活动的合理性，这就是经济效益。因此，为了保证工程技术能更好地服务于经济，最大限度地满足社会需要，就必须研究、寻找技术与经济的最佳综合点，在具体目标和具体条件下，获得投入产出的最大效益。所以，工程（技术）和经济是辩证统一的，且存在于生产建设过程中，它们既相互促进又相互制约。经济发展是技术进步的目的，技术是经济发展的手段。任何一项新技术一定要受到经济发展水平的制约和影响，而技术的进步又促进了经济的发展，是经济发展的动力和条件。

1.4　工程经济学的研究对象

长期以来，工程经济学作为一门独立的学科不断在发展，学者们对于工程经济学的研究对象主要曾有以下 4 种不同的观点和表述。

观点 1：工程经济学是从经济角度选择最佳方案的原理和方法。

观点 2：工程经济学为工程师的经济学，具体对象涵盖了工程项目规划、投资项目经济评价、投资分析及生产经营管理等领域的决策问题。

观点 3：研究经济性的学科领域。

观点 4：研究工程项目节省或节约之道的学科。

由于工程经济学并不研究工程技术原理与应用本身，也不研究影响经济效果的各种因素，而是研究各种工程技术方案的经济效果。这里的工程技术是广义的，是人类利用和改造自然的手段。它不仅包含劳动者的技艺，还包括部分取代这些技艺的物质手段。工程经济学研究各种工程技术方案的经济效益，研究各种技术在使用过程中，如何以最小的投入获得预期产出。或者说，如何以等量的投入获得最大产出；如何用最低的寿命周期成本实现产品、作业以及服务的必要功能。所以，工程经济学的研究对象是工程项目技术经济分析的最一般方法，即研究采用何种方法、建立何种方法体系，才能正确估价工程项目的有效性，才能寻求到技术与经济的最佳结合点。因此，我们可以将工程经济学（Engineering Economics）定义为：以工程技术为主体，以技术-经济系统为核心，研究如何有效利用工程技术资源，促进经济增长的学科。工程经济学是一门工程与经济的交叉学科，是研究工程技术实践活动经济效果的学科。

1.5　建筑工程经济学的主要内容及特点

1.5.1　主要内容

从学科归属上看，建筑工程经济学既不属于社会科学（经济学科），也不属于自然科学。建筑工程经济学立足于建筑工程经济，研究建筑工程技术方案，已成为一门综合性的交叉学科，其主要内容包括资金的时间价值、工程项目评价指标与方法、工程项目多方案的比较和选择、建设项目的财务评价、不确定性分析、价值工程、建筑估价及会计等方面。

1.5.2　主要特点

1. 综合性

工程经济学横跨自然科学和社会科学两大类。工程技术学科是以特定的技术为对象研究自然因素运动、发展的规律；而经济学科是研究生产力和生产关系运动发展规律的一门学科。建筑工程经济学从工程技术的角度去考虑建筑工程经济问题，又从经济角度去考虑技术问题，技术是基础，经济是目的。在实际应用中，技术经济涉及的问题很多，一个部门、一个企业有技术经济问题，一个地区、一个国家也有技术经济问题。因此，工程技术的经济问题往往是多目标、多因素的。它所研究的内容既包括技术因素和经济因素，又包括社会因素与时间因素。

2. 实用性

工程经济学之所以具有强大的生命力，在于它非常实用。工程经济学研究的课题，分析的方案都来源于工程建设实际，并紧密结合生产技术和经济活动进行。其分析和研究的成果直接用于生产，并通过实践来验证分析结果是否正确。

3. 定量性

工程经济学的研究方法注重定量分析。即使有些难以定量的因素，也要设法予以量化估计。通过对各种方案进行客观、合理、完善的评价，用定量分析结果为定性分析提供科学依据。如果不进行定量分析，技术方案的经济性无法评价，经济效果的大小无法衡量，在诸多方案中也无法进行比较和优选。因此，在分析和研究过程中，要用到很多数学方法、计算公式，并建立数学模型。

4. 预测性

工程经济分析活动大多在事件发生之前进行。要对将要实现的技术政策、技术措施、技术方案等进行预先的分析评价，首先要进行技术经济预测。通过预测，使技术方案更接近实际，从而避免盲目性。

工程经济预测性主要有以下两个特点。

（1）尽可能准确地预见某一经济事件的发展趋向和前景，充分掌握各种必要的信息资料，尽量避免由于决策失误所造成的经济损失。

（2）预测性包含一定的假设和近似性，只能要求对某项工程或其一方案的分析结果尽可能地接近实际，而不能要求其绝对的准确。

1.5.3　学生应掌握的内容

综上所述，通过本课程的学习，学生应掌握以下方面内容：

（1）掌握工程经济的基本概念、基本原理和基本方法。

（2）运用其基本原理和方法，研究、分析和评价各种技术实践活动，制定经济效益合理的方案，为决策提供科学依据。学习本课程应具有土木工程方面的知识，以及相关数学和管理方面的基本知识。本课程作为一门专业基础课，可以作为学科平台课程，既具有相对的独立性，又与后续课程有密切联系，为进行经济效益分析打下必要的基础。

习　　题

1. 建筑工程经济学研究的对象和研究范围是什么？

2. 如何正确理解工程技术与经济的关系？

3. 通过本课程的学习，学生应掌握哪方面内容？

第2章 工程经济分析的要素

【学习目标】

本章要求学生理解现金流量、资金时间价值、利息与利率的概念，熟悉财务现金流量表的构成，重点要求掌握名义利率和有效利率的计算和等值的计算。

2.1 现金流量的概念及其构成

在进行工程经济分析时，可把所考察的对象视为一个系统，这个系统可以是一个建设项目、一个企业，也可以是一个地区、一个国家。而投入的资金、花费的成本、获取的收益，均可看成是以资金形式体现的该系统的资金流出或资金流入，这种在考察对象整个期间各时点 t 上实际发生的资金流出或资金流入称为现金流量。其中流出系统

现金流量 $\begin{cases} \text{现金流入} \\ \text{现金流出} \\ \text{净现金流量} = \text{现金流入} - \text{现金流出} \end{cases}$

图 2.1 现金流量的构成

的资金称为现金流出（Cash Output），用符号 $(CO)_t$ 表示；流入系统的资金称为现金流入（Cash Input），用符号 $(CI)_t$ 表示；现金流入与现金流出之差称为净现金流量，用符号 $(CI-CO)_t$ 表示，现金流量的构成如图 2.1 所示。

2.1.1 现金流量图的绘制

现金流量图是一种反映经济系统资金运动状态的图式，即把经济系统的现金流量绘入一时间坐标图中，表示出各现金流入、流出与相应时间的对应关系，如图 2.2 所示。

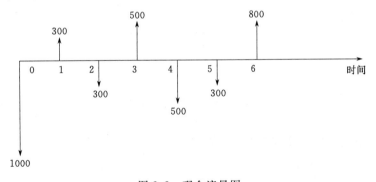

图 2.2 现金流量图

（1）以横轴为时间轴，向右延伸表示时间的延续，轴上每一刻度表示一个时间单位，可取年、半年、季或月等；零表示时间序列的起点。

（2）相对于时间坐标的垂直箭线代表不同时点的现金流量情况，现金流量的性质（流入或流出）是对特定的人而言的。对投资人而言，在横轴上方的箭线表示现金流入，即表

示收益；在横轴下方的箭线表示现金流出，即表示费用。

（3）在各箭线上方（或下方）注明现金流量的数值。

总之，要正确绘制现金流量图，必须把握好现金流量的三要素，即现金流量的大小（资金数额）、方向（资金流入或流出）和作用点（资金发生的时间点）。

【例 2.1】某房地产公司有两个投资方案 A 和 B。A 方案的寿命周期为 4 年，B 方案的寿命周期为 5 年。A 方案的初期投资为 100 万元，每年的收益为 60 万元，每年的运营成本为 20 万元。B 方案的初期投资为 150 万元，每年的收益为 100 万元，每年的运营成本为 20 万元，最后回收资产残值为 50 万元。试绘制两方案的现金流量图。

【解】经分析，两方案的现金流量图绘制如图 2.3 和图 2.4 所示。

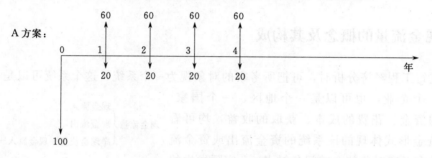

图 2.3　A 方案的现金流量图

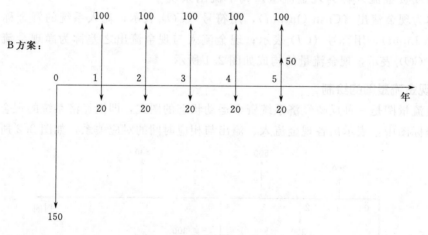

图 2.4　B 方案的现金流量图

2.1.2　财务现金流量表及其构成的基本要素

1. 财务现金流量表

现金流量表由现金流入、现金流出和净现金流量构成，其具体内容随工程经济分析的范围和经济评价方法不同而不同，其中财务现金流量表主要用于财务评价。

财务现金流量表的计算方法与常规会计方法不同，前者是只计算现金收支，不计算非现金收支（如折旧和应收应付账款等），现金收支按发生的时间列入相应的年份。

财务现金流量表按其评价的角度不同分为项目财务现金流量表、资本金财务现金流量表、投资各方财务现金流量表、项目增量财务现金流量表和资本金增量财务现金流量表。

（1）项目财务现金流量表是以项目为一独立系统，从融资前的角度进行设置的。它将项目建设所需的总投资作为计算基础，反映项目在整个计算期（包括建设期和生产经营期）内现金的流入和流出，其现金流量构成如表2.1所示。通过项目财务现金流量表可计算项目财务内部收益率、财务净现值和投资回收期等评价指标，并可考察项目的盈利能力，为各个方案进行比较建立共同的基础。

表 2.1 项目财务现金流量表 单位：万元

序 号	项 目	计 算 期								合计
		1	2	3	4	5	6	...	n	
1	现金流入（CI）									
1.1	销售（营业）收入									
1.2	回收固定资产余值									
1.3	回收流动资产									
2	现金流出（CO）									
2.1	建设投资（不含建设期利息）									
2.2	流动资金									
2.3	经营成本									
2.4	销售税金及附加									
2.5	增值税									
3	净现金流量（$CI-CO$）									
4	累计净现金流量									

计算指标：

　　财务净现值（$i_c=$　%）：

　　财务内部收益率：

　　投资回收期：

注　在财务评价中计算销售（营业）收入及生产成本所采用的价格，可以是含增值税的价格，也可以是不含增值税的价格，应在评价时说明采用何种计价方法。表2.1及以下各现金流量表均按含增值税的价格设计。

（2）资本金财务现金流量表是从项目法人（或投资者整体）的角度出发，以项目资本金作为计算的基础，把借款本金偿还和利息支付作为现金流出，用以计算资本金内部收益率，反映投资者权益投资的获利能力。资本金财务现金流量构成如表2.2所示。

（3）投资各方财务现金流量表是分别从各个投资者的角度出发，以投资者的出资额作为计算的基础，用以计算投资各方收益率。投资各方财务现金流量构成如表2.3所示。

（4）项目增量财务现金流量表是对既有法人项目，按"有项目"和"无项目"对比的增量现金流量，计算项目财务内部收益率、财务净现值和投资回收期等评价指标，考察项目的盈利能力。项目增量财务现金流量构成如表2.4所示。

（5）资本金增量财务现金流量表是对既有法人项目，以资本金增量作为计算的基础，用以计算既有项目法人项目资本金增量内部收益率。资本金增量财务现金流量构成如表2.5所示。

　　2. 现金流量构成的基本要素

在工程经济分析中，财务评价指标起着重要的作用，而财务评价的主要指标实际上又是通过财务现金流量表计算导出的。从表 2.1～表 2.5 可知，必须在明确考察角度和系统范围的前提下正确区分现金流入与现金流出。对于一般性建设项目财务评价来说，投资、经营成本、销售收入和税金等经济量本身既是经济指标，又是导出其他财务评价指标的依据，所以它们是构成经济系统财务现金流量的基本要素，也是进行工程经济分析最重要的基础数据。

表 2.2　　　　　　　　　　　　　　**资本金财务现金流量表**　　　　　　　　　　单位：万元

序　号	项　目	计　算　期								合计
		1	2	3	4	5	6	…	n	
1	现金流入（CI）									
1.1	销售（营业）收入									
1.2	回收固定资产余值									
1.3	回收流动资产									
2	现金流出（CO）									
2.1	项目资本金									
2.2	借款本金偿还									
2.3	借款利息支付									
2.4	经营成本									
2.5	销售税金及附加									
2.6	增值税									
2.7	所得税									
3	净现金流量（$CI-CO$）									

计算指标：

　　资本金内部收益率：

表 2.3　　　　　　　　　　　　　　**投资各方财务现金流量表**　　　　　　　　　　单位：万元

序　号	项　目	计　算　期								合计
		1	2	3	4	5	6	…	n	
1	现金流入（CI）									
1.1	股利分配									
1.2	资产处置收益分配									
1.3	租赁费收入									
1.4	技术转让费收入									
1.5	其他现金流入									
2	现金流出（CO）									
2.1	股利投资									
2.2	租赁资产支出									
2.3	其他现金流出									
3	净现金流量（$CI-CO$）									

计算指标：

　　投资各方收益率：

表 2.4					项目增量财务现金流量表					单位：万元	
序 号	项 目	计 算 期									合计
		1	2	3	4	5	6	...	n		
1	有项目现金流入（CI）										
1.1	销售（营业）收入										
1.2	回收固定资产余值										
1.3	回收流动资产										
2	有项目现金流出（CO）										
2.1	项目资本金										
2.2	借款本金偿还										
2.3	借款利息支付										
2.4	经营成本										
2.5	销售税金及附加										
2.6	增值税										
2.7	所得税										
3	有项目净现金流量（CI−CO）										
4	无项目净现金流量										
5	增量净现金流量（3−4）										

计算指标：

    财务净现值（$i_c=$ %）：

    财务内部收益率：

    投资回收期：

表 2.5					资本金增量财务现金流量表					单位：万元	
序 号	项 目	计 算 期									合计
		1	2	3	4	5	6	...	n		
1	有项目现金流入（CI）										
1.1	销售（营业）收入										
1.2	回收固定资产余值										
1.3	回收流动资产										
2	有项目现金流出（CO）										
2.1	建设投资（不含建设期利息）										
2.2	流动资金										
2.3	经营成本										
2.4	销售税金及附加										
2.5	增值税										
3	有项目净现金流量（CI−CO）										
4	无项目净现金流量										
5	增量净现金流量（3−4）										

计算指标：

    资本金内部收益率：

（1）产品销售（营业）收入是指项目建成投产后各年销售产品（或提供劳务）取得的收入。即：

    产品销售（营业）收入＝产品销售量（或劳务量）×产品单价（或劳务单价）(2.1)

对生产多种产品和提供多项服务的，应分别计算各种产品及服务的销售（营业）收入。

对不便按详细的品种分类计算销售收入的，可采取折算为标准产品的方法计算销售收入。

（2）投资是投资主体为了特定的目的，以达到预期收益的价值垫付行为。建设项目总投资是建设投资和流动资金之和。建设投资是指项目按拟定建设规模（分期建设项目为分期建设规模）、产品方案、建设内容进行建设所需的费用，它包括建筑工程费用、设备购置费、安装工程费、建设期借款利息、工程建设其他费用和预备费用。项目寿命期结束时，固定资产的残余价值（一般指当时市场上可实现的预测价值），对于投资者来说是一项在期末可回收的现金流入。流动资金是指为维持生产所占用的全部周转资金，它是流动资产与流动负债的差额。在项目寿命期结束时，应予以回收。

（3）经营成本是工程经济分析中经济评价的专用术语，用于项目财务评价的现金流量分析。因为一般产品销售成本中包含有固定资产折旧费用、维简费（采掘、采伐项目计算此项费用，以维持简单的再生产）、无形资产及递延资产摊销费和利息支出等费用。在工程经济分析中，建设投资是计入现金流出的，而折旧费用是建设投资所形成的固定资产的补偿价值，如将折旧费用随成本计入现金流出，会造成现金流出的重复计算；同样，由于维简费、无形资产及其他资产摊销费也是建设投资所形成的，只是项目内部的现金转移，而非现金支出，故为避免重复计算也不予考虑；贷款利息是使用借贷资金所要付出的代价，对于项目来说是实际的现金流出，但在评价项目总投资的经济效果时，并不考虑资金来源问题，故在这种情况下也不考虑贷款利息的支出；在资本金财务现金流量表中由于已将利息支出单列，因此，经营成本中也不包括利息支出。由此可见，经营成本是从投资方案本身考察的，在一定期间（通常为 1 年）内由于生产和销售产品及提供劳务而实际发生的现金支出。按下式计算：

$$\text{经营成本} = \text{总成本费用} - \text{折旧费} - \text{维简费} - \text{摊销费} - \text{利息支出} \qquad (2.2)$$

式中

$$\text{总成本费用} = \text{生产成本} + \text{销售费用} + \text{管理费用} + \text{财务费用} \qquad (2.3)$$

或　　　　总成本费用＝外购原材料、燃料及动力费＋工资及福利费＋修理费

$$+ \text{折旧费} + \text{维简费} + \text{摊销费} + \text{利息支出} + \text{其他费用} \qquad (2.4)$$

或　　经营成本＝外购原材料、燃料及动力费＋工资及福利费＋修理费＋其他费用 $\qquad (2.5)$

（4）税金是国家凭借政治权力参与国民收入分配和再分配的一种货币形式。在工程经济分析中合理计算各种税费，是正确计算项目效益与费用的基础。在工程经济财务评价中，涉及的税费主要有：从销售收入中扣除的增值税、消费税、城市维护建设税及教育费附加和资源税；计入总成本费用的房产税、土地使用税、车船使用税和印花税等；计入建设投资的固定资产投资方向调节税（目前国家暂停征收），以及从利润中扣除的所得税等。税金一般属于财务现金流出。

进行评价时应说明税种、税基、税率、计税额等。如：①增值税，财务评价的销售收入和成本估算均含增值税；②营业税，在财务评价中，营业税按营业收入额乘以营业税税率计算；③消费税是针对特定消费品征收的税金，在财务评价中，一般按特定消费品的销售额乘以消费税税率计算；④城市维护建设税和教育费附加，以增值税、营业税和消费税

为税基乘以相应的税率计算；⑤资源税是对开采自然资源的纳税人征税的税种，通常按应课税矿产的产量乘以单位税额计算；⑥所得税，按应税所得额乘以所得税税率计算。如有减免税费优惠，应说明政策依据以及减免方式和减免金额。

2.2 名义利率和有效利率的计算

2.2.1 名义利率

在复利计算中，利率周期通常以年为单位，它可以与计息周期相同，也可以不同。当计息周期小于一年时，就出现了名义利率和有效利率的概念。

名义利率 r 是指计息周期利率 i 乘以一年内的计息周期数 m 所得的年利率。即：

$$r = im \tag{2.6}$$

若计息周期月利率为 1%，则年名义利率为 12%。很显然，计算名义利率时忽略了前面各期利息再生的因素，这与单利的计算相同。

2.2.2 有效利率的计算

有效利率是指资金在计息中所发生的实际利率，包括计息周期有效利率和年有效利率两种情况。

（1）计息周期有效利率，即计息周期利率 i，由式（2.6）可知：

$$i = \frac{r}{m} \tag{2.7}$$

（2）年有效利率，即年实际利率。

已知某年初有资金 P，名义利率为 r，一年内计息 m 次，则计息周期利率为 $i = \frac{r}{m}$。根据一次支付终值公式可得该年的本利和 F，即：

$$F = P\left(1 + \frac{r}{m}\right)^m \tag{2.8}$$

根据利息的定义可得该年的利息 I 为：

$$I = P\left(1 + \frac{r}{m}\right)^m - P = P\left[\left(1 + \frac{r}{m}\right)^m - 1\right] \tag{2.9}$$

再根据利率的定义可得该年的实际利率，即有效利率 i_{eFF} 为：

$$i_{eFF} = \frac{I}{P} = \left(1 + \frac{r}{m}\right)^m - 1 \tag{2.10}$$

由此可见，有效利率和名义利率的关系实质上与复利和单利的关系一样。

【例2.2】现设年名义利率 $r=10\%$，则年、半年、季、月、日的年有效利率如表2.6所示。

从表2.6可以看出，每年计息周期 m 越多，i_{eFF} 与 r 相差越大；另一方面，名义利率为 10%，按季度计息时，按季度利率 2.5% 计息与按年利率 10.38% 计息，二者是等价的。所以，在工程经济分析中，如果各方案的计息期不同，就不能简单地使用名义利率来评价，而必须换算成有效利率进行评价，否则会得出不正确的结论。

表 2.6

有 效 利 率 表

年名义利率 r	计 息 期	年计息次数 m	计息期利率 $(i=r/m)$ /%	年有效利率 i_{eFF}/%
10%	年	1	10	10
	半年	2	5	10.25
	季	4	2.5	10.38
	月	12	0.833	10.46
	日	365	0.0274	10.51

2.3 资金时间价值的概念

在工程经济计算中，无论是技术方案所发挥的经济效益还是所消耗的人力、物力和自然资源，最后都以价值形态，即资金的形式表现出来。资金运动反映了物化劳动和活劳动的运动过程，而这个过程也是资金随时间运动的过程。因此，在工程经济分析时，不仅要着眼于方案资金量的大小（资金收入和支出的多少），而且也要考虑资金发生的时间。资金的价值是随时间变化而变化的，是时间的函数，随时间的推移而增值，其增值的这部分资金就是原有资金的时间价值。

影响资金时间价值的因素很多，其中主要有以下方面：

（1）资金的使用时间。在单位时间的资金增值率一定的条件下，资金使用时间越长，则资金的时间价值就越大；使用时间越短，则资金的时间价值就越小。

（2）资金数量的大小。在其他条件不变的情况下，资金数量越大，资金的时间价值就越大；反之，资金的时间价值则越小。

（3）资金投入和回收的特点。在总投资一定的情况下，前期投入的资金越多，资金的负效益越大；反之，后期投入的资金越多，资金的负效益越小，而在资金回收额一定的情况下，离现在越近的时间回收的资金越多，资金的时间价值就越大；反之，离现在越远的时间回收的资金越多，资金的时间价值就越小。

（4）资金周转的速度。资金周转越快，在一定的时间内等量资金的时间价值越大；反之，资金的时间价值越小。

总之，资金的时间价值是客观存在的，投资经营的一项基本原则就是充分利用资金的时间价值，并最大限度地获得其时间价值，这就要加速资金周转，早期回收资金，并不断进行高利润的投资活动；而任何积压资金或闲置资金不用，就是白白地损失资金的时间价值。

2.4 利息与利率的概念

对于资金时间价值的换算方法与采用复利计算利息的方法完全相同。因为利息就是资金时间价值的一种重要表现形式。而且通常用利息额的多少作为衡量资金时间价值的绝对尺度，用利率作为衡量资金时间价值的相对尺度。

（1）利息。在借贷过程中，债务人支付给债权人超过原借贷款金额的部分就是利息。即：

$$I = F - P \tag{2.11}$$

式中　I——利息；

　　　F——目前债务人应付（或债权人应收）总金额；

　　　P——原借贷款金额，常称为本金。

在工程经济研究中，利息常常被看成是资金的一种机会成本。这是因为如果放弃资金的使用权力，相当于失去收益的机会，也就相当于付出了一定的代价。

（2）利率。利率就是在单位时间内所得利息额与原借贷款金额之比，通常用百分数表示。即：

$$i = \frac{I_t}{P} \times 100\% \tag{2.12}$$

式中　i——利率；

　　　I_t——单位时间内所得的利息额。

用于表示计算利息的时间单位称为计息周期，计息周期通常为年、半年、季、月、周或天。

【例 2.3】某人现借得本金 1000 元，一年后付息 80 元，则年利率为：

【解】
$$i = \frac{80}{1000} \times 100\% = 8\%$$

利率是各国发展国民经济的重要杠杆之一，利率的高低由以下因素决定：

1）利率的高低首先取决于社会平均利润率的高低，并随之变动。

2）在平均利润率不变的情况下，利率高低取决于金融市场上借贷资本的供求情况。

3）借出资本要承担一定的风险，风险越大，利率也就越高。

4）通货膨胀对利息的波动有直接影响。

5）借出资本的期限长短。贷款期限长，不可预见因素多，风险大，利率也就高；反之利率就低。

（3）利息的计算。利息计算有单利和复利之分。当计息期在一个计息周期以上时，就需要考虑"单利"与"复利"的问题。

1）单利是指在计算利息时，仅用最初本金来加以计算，而不计入在先前计息周期中所累积增加的利息，即通常所说的"利不生利"的计息方法。其计算式如下：

$$I_t = P i_{单} \tag{2.13}$$

式中　I_t——第 t 计息周期的利息额；

　　　P——本金；

　　　$i_{单}$——计息周期单利利率。

而 n 期末，单利本利和 F 等于本金加上利息，即：

$$F = P + I_n = P(1 + n i_{单}) \tag{2.14}$$

式中　I_n——n 个计息周期所付或所收的单利总利息，即：

$$I_n = \sum_{t=1}^{n} I_t = \sum_{i=1}^{n} P i_{单} = n P i_{单} \tag{2.15}$$

在以单利计息的情况下，总利息与本金、利率以及计息周期数成正比。

此外，在利用式（2.14）计算本利和 F 时，要注意式中 n 和 $i_单$ 反映的时期要一致。如 $i_单$ 为年利率，则 n 应为计息的年数；若 $i_单$ 为月利率，则 n 应为计息的月数。

【例 2.4】 假如以单利方式借入 1000 元，年利率 8%，第 4 年末偿还，则使用期内各年利息与本利和如表 2.7 所示。

表 2.7　　　　　　　　　　　　　　　各 年 利 息 与 本 利 和

使用期/年	年初款额/元	年末利息/元	年末本利和/元	年末偿还/元
1	1000	1000×8%=80	1080	0
2	1080	80	1160	0
3	1160	80	1240	0
4	1240	80	1320	1320

由表 2.7 可见，单利的年利息额仅由本金所产生，其新生利息，不再加入本金产生利息，此即"利不生利"。这不符合客观的经济发展规律，没有反映资金随时都在"增值"的概念，也即没有完全反映资金的时间价值。因此，在工程经济分析中单利使用较少，通常只适用于短期投资及不超过一年的短期贷款。

2）复利是指在计算某一计息周期的利息时，其先前周期上所累积利息要计算利息，即"利生利"、"利滚利"的计息方式。其表达式如下：

$$I_t = i \times F_{t-1} \tag{2.16}$$

式中　　i——计息周期复利利率；

F_{t-1}——表示第 $(t-1)$ 期末复利本利和。

而第 t 期末复利本利和的表达式如下：

$$F_t = F_{t-1} \times (1+i) \tag{2.17}$$

【例 2.5】 数据同例 2.4，按复利计算，则使用期内各年利息与本利和如表 2.8 所示。

表 2.8　　　　　　　　　　　　　　　各 年 利 息 与 本 利 和

使用期/年	年初款额/元	年末利息/元	年末本利和/元	年末偿还/元
1	1000	1000×8%=80	1080	0
2	1080	1080×8%=86.4	1166.4	0
3	1166.4	1166.4×8%=93.312	1259.712	0
4	1259.712	1259.71×8%=100.777	1360.489	1360.489

从表 2.8 可以看出，同一笔借款，在利率和计息周期均相同的情况下，用复利计算出的利息金额数比用单利计算出的利息金额数大。如本例，两者相差 40.49（=1360.49−1320）元。如果本金越大，利率越高，计息周期越多时，两者差距就越大。复利计息比较符合资金在社会再生产过程中运动的实际状况。因此，在实际中得到了广泛的应用，如我国现行财税制度规定，投资贷款实行差别利率按复利计算。同样，在工程经济分析中，一般采用复利计算。

复利计算有间断复利和连续复利之分。按期（年、半年、季、月、周、日）计算复利的方法称为间断复利（即普通复利）；按瞬时计算复利的方法称为连续复利。在实际使用中都采用间断复利，这一方面是出于习惯；另一方面是因为会计通常在年底结算一年的进出款，按年支付税收、保险金和抵押费用。因而采用间断复利考虑问题更适宜。

常用的间断复利计算有一次支付情形和等额支付系列情形两种。

（4）利息和利率在工程经济活动中的作用。

1）利息和利率是以信用方式动员和筹集资金的动力。以信用方式筹集资金的一个特点就是自愿性，而自愿性的动力在于利息和利率。比如一个投资者，他首先要考虑的是投资某一项目所得到的利息是否比把这笔资金投入其他项目所得的利息多。如果多，他就可以在这个项目投资；如果所得的利息达不到其他项目利息水平，他就可能不在这个项目上投资。

2）利息促进投资者加强经济核算，节约使用资金。投资者借款需付利息，增加支出负担，这就促使投资者必须精打细算，把借入资金用到刀刃上，减少借入资金的占用以少付利息。同时可以使投资者自觉压缩库存限额，减少多环节占压资金。

3）利息和利率是宏观经济管理的重要杠杆。国家在不同的时期制定不同的利息政策，就会对整个国民经济产生影响。

4）利息与利率是金融企业经营发展的重要条件。金融机构作为企业，必须获取利润。

由于金融机构的存放款利率不同，其差额成为金融机构业务收入，此款扣除业务费后就是金融机构的利润，才能刺激金融企业的经营发展。

2.5 等值的计算

资金有时间价值，即使金额相同，因其发生在不同时间，其价值就不相同。反之，不同时间点绝对不等的资金在时间价值的作用下却可能具有相等的价值。这些不同时期、不同数额但其"价值等效"的资金称为等值，又称等效值。资金等值计算公式和复利计算公式的形式相同，常用的等值复利计算公式有一次支付的终值和现值计算公式，等额支付系列的终值、现值、资金回收和偿债基金计算公式。

2.5.1 一次支付的终值和现值计算

1. 终值计算（已知 P 求 F）

现有一项资金 P，年利率 i，按复利计算，n 年以后的本利和为多少？根据复利的定义即可求得 n 年末本利和（即终值）F 如表 2.9 所示。

表 2.9 　　　　　　　　　　　　　　n 年末本利和 F

计息期/年	期初金额（1）/元	本期利息额（2）/元	期末本利和 $F_t=$（1）+（2）/元
1	P	$P \cdot i$	$F_1=P+P \cdot i=P(1+i)$
2	$P(1+i)$	$P(1+i) \cdot i$	$F_2=P(1+i)+P(1+i) \cdot i=P(1+i)^2$
3	$P(1+i)^2$	$P(1+i)^2 \cdot i$	$F_3=P(1+i)^2+P(1+i)^2 \cdot i=P(1+i)^3$
$\vdots$	$\vdots$	$\vdots$	$\vdots$
n	$P(1+i)^{n-1}$	$P(1+i)^{n-1} \cdot i$	$F=F_n=P(1+i)^{n-1}+P(1+i)^{n-1} \cdot i=P(1+i)^n$

由表 2.9 可知，一次支付 n 年末终值（即本利和）F 的计算公式为：

$$F = P(1+i)^n \tag{2.18}$$

式中　$(1+i)^n$ ——一次支付终值系数，用 $(F/P,i,n)$ 表示。

则式（2.18）又可写成：

$$F = P(F/P,i,n) \tag{2.19}$$

在 $(F/P,i,n)$ 这类符号中，括号内斜线上的符号表示所求的未知数，斜线下的符号表示已知数。整个 $(F/P,i,n)$ 符号表示在已知 P、i 和 n 的情况下求解的值。

【例 2.6】某人借款 10000 元，年复利率 $i=10\%$，试问 5 年末连本带利一次需偿还多少？

【解】按式（2.18）计算得：

$$F = P(1+i)^n = 10000 \times (1+10\%)^5 = 10000 \times 1.61051 = 16105.1（元）$$

2. 现值计算（已知 F 求 P）

由式（2.18）的逆运算即可得出现值 P 的计算式为：

$$P = \frac{F}{(1+i)^n} = F(1+i)^{-n} \tag{2.20}$$

式中　$(1+i)^{-n}$ ——一次支付现值系数，用符号 $(P/F,i,n)$ 表示。

则式（2.20）又可写成：

$$P = F(P/F,i,n) \tag{2.21}$$

一次支付现值系数这个名称描述了它的功能，即未来一笔资金乘上该系数就可求出其现值。工程经济分析中，一般是将未来值折现到零期。计算现值 P 的过程叫"折现"或"贴现"，其所使用的利率常称为折现率或贴现率。故 $(1+i)^{-n}$ 或 $(P/F,i,n)$ 也可叫折现系数或贴现系数。

【例 2.7】某人希望 5 年末有 10000 元资金，年复利率 $i=10\%$，问现在需一次存款多少？

【解】由式（2.21）得：

$$P = F(1+i)^{-n} = 10000 \times (1+10\%)^{-5} = 10000 \times 0.6209 = 6209（元）$$

从上面计算可知，现值与终值的概念和计算方法正好相反，因为现值系数与终值系数是互为倒数，即 $(F/P,i,n) = \dfrac{1}{(P/F,i,n)}$。在 P 一定，n 相同时，i 越高，F 越大；在 i 相同时，n 越长，F 越大。

2.5.2　等额支付系列的终值、现值、资金回收和偿债基金计算

等额支付系列现金流量序列是连续的，且数额相等，即：

$$A_t = A = 常数 \quad (t=1,2,3,\cdots,n)$$

式中　A——年金，发生在（或折算为）某一特定时间序列各计息期末（不包括零期）的等额资金序列的价值。

1. 终值计算（即已知 A 求 F）

由式 $F = \sum_{t=1}^{n} A_t(1+i)^{n-t} = A[(1+i)^{n-1} + (1+i)^{n-2} + \cdots + (1+i) + 1]$ 推导出年

金与终值关系式为：

$$F = A \frac{(1+i)^n - 1}{i} \qquad (2.22)$$

式中 $\dfrac{(1+i)^n - 1}{i}$ ——等额支付系列终值系数或年金终值系数，用符号 $(F/A, i, n)$ 表示。

则式（2.22）又可写成：

$$F = A(F/A, i, n) \qquad (2.23)$$

【例2.8】若10年内，每年末存1000元，年利率8%，问10年末本利和为多少？

【解】由式（2.23）得：

$$F = A \frac{(1+i)^n - 1}{i} = 1000 \times \frac{(1+8\%)^{10} - 1}{8\%} = 1000 \times 14.487 = 14487(元)$$

2. 现值计算（即已知 A 求 P）

由式（2.18）和式（2.22）得：

$$P = F(1+i)^{-n} = A \frac{(1+i)^n - 1}{i(1+i)^n} \qquad (2.24)$$

式中 $\dfrac{(1+i)^n - 1}{i(1+i)^n}$ ——等额支付系列现值系数或年金现值系数，用符号 $(P/A, i, n)$ 表示。

则式（2.24）又可写成：

$$P = A(P/A, i, n) \qquad (2.25)$$

【例2.9】预期5年内每年末收回1000元，在年利率为10%时，问开始需一次投资多少？

【解】由式（2.24）得

$$P = F(1+i)^{-n} = A \frac{(1+i)^n - 1}{i(1+i)^n} = 1000 \times \frac{(1+10\%)^5 - 1}{10\% \times (1+10\%)^5}$$

$$= 1000 \times 3.7908 = 3790.8(元)$$

3. 资金回收计算（已知 P 求 A）

由式（2.24）的逆运算即可得出资金回收计算式为：

$$A = P \frac{i(1+i)^n}{(1+i)^n - 1} \qquad (2.26)$$

式中 $\dfrac{i(1+i)^n}{(1+i)^n - 1}$ ——等额支付系列资金回收系数，用符号 $(A/P, i, n)$ 表示。

则式（2.26）又可写成：

$$A = P(A/P, i, n) \qquad (2.27)$$

【例2.10】若投资10000元，每年收回率为8%，在10年内收回全部本利，则每年应收回多少？

【解】由式（2.26）得

$$A = P \frac{i(1+i)^n}{(1+i)^n - 1} = 10000 \times \frac{8\%(1+8\%)^{10}}{(1+8\%)^{10} - 1} = 10000 \times 0.14903 = 1490.3(元)$$

4. 偿债基金计算（已知 F 求 A）

由式（2.22）的逆运算即可得出偿债基金计算式为：

$$A = F \frac{i}{(1+i)^n - 1} \tag{2.28}$$

式中　$\dfrac{i}{(1+i)^n - 1}$——等额支付系列偿债基金系数，用符号 $(A/F, i, n)$ 表示）。

则式（2.28）又可写成：

$$A = F(A/F, i, n) \tag{2.29}$$

【例 2.11】欲在 5 年末时获得 10000 元，若每年存款金额相等，年利率为 10%，则每年末需存款多少？

【解】由式（2.29）得

$$A = F \frac{i}{(1+i)^n - 1} = 10000 \times \frac{10\%}{(1+10\%)^5 - 1} = 10000 \times 0.1638 = 1638(元)$$

习　　题

1. 某城市投资兴建一座桥梁，建设期为 3 年，预计总投资 15000 万元，所有投资从银行贷款，分 3 年等额投入建设（投资均在每年年初投入）。桥建好后即可投入使用，预计每天过往车辆 2000 辆，每辆车收取过桥费 10 元，一年按 360 天计算。设该桥的寿命为 50 年，桥梁每年的维修保养费为 10 万元。试绘制其现金流量图。

2. 某人现在向银行借款 5000 元，约定 3 年后归还。若银行借款利率为 5.5%，试分别按单利和复利计算 3 年后此人应归还银行多少钱？对还款人来说，哪种计算利息的方式合算？

3. 蔡某按单利年利率 6% 借款 20000 元给胡某，3 年后蔡某收回了借款，又将全部本利和贷款给李某，约定贷款年利率为 5%，期限为 2 年，但按复利计算。问蔡某最后收回贷款时能收回多少钱？

4. 老张现在向银行借款 30 万元购买商品房，借款期限为 20 年。银行规定的借款年利率为 7%，还款方式为每月等额偿还。问老张每月的还款是多少？

5. 某人每年年初从银行贷款 40000 元，连续贷款 4 年，5 年后一次性归还本和利。银行约定计算利息的方式有以下三种：①年贷款利率为 6%，每年计息一次；②年贷款利率为 5.8%，每半年计息一次；③年贷款利率为 5.5%，每季度计息一次。试计算 3 种还款方式在 5 年后的一次性还本付息额。此人应选择哪种贷款方式？

第3章 工程经济效果评价方法

【学习目标】

本章要求学生掌握工程经济效果评价的各项指标意义及其计算方式，熟悉工程投资方案经济效果评价方法的分类及其相互关系，掌握互斥方案的意义及其评价方法，掌握独立方案和混合方案的意义及其评价方法。

3.1 经济评价指标体系

3.1.1 经济效果评价的内容、方法和程序

工程经济分析的任务就是要根据所考察工程的预期目标和所拥有的资源条件，分析该工程的现金流量情况，选择合适的技术方案，以获得最佳的经济效果。这里的技术方案是广义的，既可以是工程建设中各种技术措施和方案（如工程设计、施工工艺、生产方案、设备更新、技术改造、新技术开发、工程材料利用、节能降耗、环境技术、工程安全和防护技术等措施和方案），也可以是建设相关企业的发展战略方案（如企业发展规划、生产经营、投资、技术发展等关乎企业生存发展的战略方案）。可以说技术方案是工程经济最直接的研究对象，而获得最佳的经济效果则是工程经济研究的目的。

1. **经济效果评价的内容**

经济效果评价就是根据国民经济与社会发展以及行业、地区发展规划的要求，在拟定的技术方案、财务效益与费用估算的基础上，采用科学的分析方法，对技术方案的财务可行性和经济合理性进行分析论证，为选择技术方案提供科学的决策依据。

经济效果评价的内容应根据技术方案的性质、目标、投资者、财务主体以及方案对经济与社会的影响程度等具体情况确定，一般包括方案盈利能力、偿债能力、财务生存能力等评价内容。

（1）技术方案的盈利能力。技术方案的盈利能力是指分析和测算拟定技术方案计算期的盈利能力和盈利水平。其主要分析指标包括方案财务内部收益率和财务净现值、资本金财务内部收益率、静态投资回收期、总投资收益率和资本金净利润率等，可根据拟定技术方案的特点及经济效果分析的目的和要求等选用。

（2）技术方案的偿债能力。技术方案的偿债能力是指分析和判断财务主体的偿债能力，其主要指标包括利息备付率、偿债备付率和资产负债率等。

（3）技术方案的财务生存能力。财务生存能力分析也称资金平衡分析，是根据拟定技术方案的财务计划现金流量表，通过考察拟定技术方案计算期内各年的投资、融资和经营活动所产生的各项现金流入和流出，计算净现金流量和累计盈余资金，分析技术方案是否有足够的净现金流量维持正常运营，以实现财务可持续性。而财务可持续

性应首先体现在有足够的经营净现金流量，这是财务可持续的基本条件；其次在整个运营期间，允许个别年份的净现金流量出现负值，但各年累计盈余资金不应出现负值，这是财务生存的必要条件。若出现负值，应进行短期借款，同时分析该短期借款的时间长短和数额大小，进一步判断拟定技术方案的财务生存能力。短期借款应体现在财务计划现金流量表中，其利息应计入财务费用。为维持技术方案正常运营，还应分析短期借款的可靠性。

2. 经济效果评价的方法

由于经济效果评价的目的在于确保决策的正确性和科学性，避免或最大限度地减小技术方案的投资风险，明了技术方案投资的经济效果水平，最大限度地提高技术方案投资的综合经济效果。因此，正确选择经济效果评价的方法十分重要。

（1）经济效果评价的基本方法。经济效果评价的基本方法包括确定性评价方法与不确定性评价方法两类。对同一个技术方案必须同时进行确定性评价和不确定性评价。

（2）按评价方法的性质分类。按评价方法的性质不同，经济效果评价分为定量分析和定性分析。

1）定量分析：定量分析是指对可度量因素的分析方法。在技术方案经济效果评价中考虑的定量分析因素包括资产价值、资本成本、有关销售额、成本等一系列可以以货币表示的一切费用和收益。

2）定性分析：定性分析是指对无法精确度量的重要因素实行的估量分析方法。

在技术方案经济效果评价中，应坚持定量分析和定性分析相结合，以定量分析为主的原则。

（3）按评价方法是否考虑时间因素分类。对定量分析，按其是否考虑时间因素又可分为静态分析和动态分析。

1）静态分析：静态分析是不考虑资金的时间因素，即不考虑时间因素对资金价值的影响，而对现金流量分别进行直接汇总来计算分析指标的方法。

2）动态分析：动态分析是在分析方案的经济效果时，对发生在不同时间的现金流量折现后来计算分析指标。在工程经济分析中，由于时间和利率的影响，对技术方案的每一笔现金流量都应该考虑它所发生的时间，以及时间因素对其价值的影响。动态分析能较全面地反映技术方案整个计算期的经济效果。

在技术方案经济效果评价中，应坚持动态分析与静态分析相结合，以动态分析为主的原则。

（4）按评价是否考虑融资分析。经济效果分析可分为融资前分析和融资后分析。一般宜先进行融资前分析，在融资前分析结论满足要求的情况下，初步设定融资方案，再进行融资后分析。

1）融资前分析：融资前分析应考察技术方案整个计算期内现金流入和现金流出，编制技术方案投资现金流量表，计算技术方案投资内部收益率、净现值和静态投资回收期等指标。融资前分析排除了融资方案变化的影响，从技术方案投资总获利能力的角度，考察方案设计的合理性，应作为技术方案初步投资决策与融资方案研究的依据和基础。融资前分析应以动态分析为主，静态分析为辅。

2）融资后分析应以融资前分析和初步的融资方案为基础，考察技术方案在拟定融资条件下的盈利能力、偿债能力和财务生存能力，判断技术方案在融资条件下的可行性。融资后分析用于比选融资方案，帮助投资者作出融资决策。

（5）按技术方案评价的时间分类。按技术方案评价的时间可分为事前评价、事中评价和事后评价。

1）事前评价：事前评价是指在技术方案实施前为决策所进行的评价。显然事前评价都有一定的预测性，因而也就有一定的不确定性和风险性。

2）事中评价：事中评价，也称为跟踪评价，是指在技术方案实施过程中所进行的评价。这是由于在技术方案实施前所做的评价结论及评价所依据的外部条件（市场条件、投资环境等）的变化而需要进行修改，或因事前评价时考虑问题不周、失误，甚至根本未做事前评价，在建设中遇到困难，而不得不反过来重新进行评价，以决定原决策有无全部或局部修改的必要性。

3）事后评价：事后评价，也称为后评价，是在技术方案实施完成后，总结评价技术方案决策的正确性，技术方案实施过程中项目管理的有效性等。

3．经济效果评价的程序

经济效果评价的程序主要包含以下步骤：

（1）熟悉技术方案的基本情况。熟悉技术方案的基本情况，包括投资目的、意义、要求、建设条件和投资环境，做好市场调查研究和预测、技术水平研究和设计方案。

（2）收集、整理和计算有关技术经济基础数据资料与参数。技术经济数据资料与参数是进行技术方案经济效果评价的基本依据，所以在进行经济效果评价之前，必须先收集、估计、测算和选定一系列有关的技术经济数据与参数。主要包括以下几点：

1）技术方案投入物和产出物的价格、费率、税率、汇率、计算期、生产负荷及基准收益率等。它们是重要的技术经济数据与参数，在对技术方案进行经济效果评价时，必须科学合理地选用。

2）技术方案建设期间分年度投资支出额和技术方案投资总额。技术方案投资包括建设投资和流动资金需要量。

3）技术方案来源方式、数额、利率、偿还时间，以及分年还本付息数额。

4）技术方案生产期间的分年产品成本。分别计算出总成本、经营成本、单位产品成本、固定成本和变动成本。

5）技术方案生产期间的分年产品销售数量、营业收入、营业税金及附加、营业利润及其分配数额。

根据以上技术经济数据与参数分别估测出技术方案整个计算期（包括建设期和生产期）的财务数据。

（3）根据基础财务数据资料编制各基本财务报表。

（4）经济效果评价。

运用财务报表的数据或相关参数，计算技术方案的各经济效果分析指标值，并进行经济可行性分析，得出结论。具体步骤如下：

1）首先进行融资前的盈利能力分析，其结果体现技术方案本身设计的合理性，用于初步投资决策以及方案的比选。也就是说用于考察技术方案是否可行，是否值得去融资。这对技术方案投资者、债权人和政府管理部门都是有用的。

2）如果第一步分析的结论是"可行"的，那么进一步去寻求适宜的资金来源和融资方案，就需要借助于对技术方案的融资后分析，即资本金盈利能力分析和偿债能力分析，投资者和债权人可据此作出最终的投、融资决策。

3.1.2　工程经济评价指标体系

技术方案的经济效果评价，一方面取决于基础数据的完整性和可靠性，另一方面取决于选取的评价指标体系的合理性，只有选取正确的评价指标体系，经济效果评价的结果才能与客观实际情况相吻合，才具有实际意义。一般情况下，技术方案的经济效果评价指标不是唯一的，在工程经济分析中，常用的经济效果评价指标体系如图 3.1 所示。

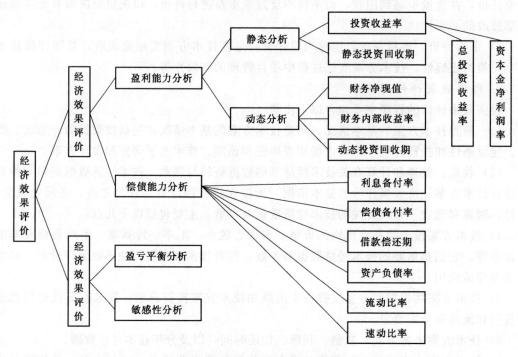

图 3.1　经济效果评价指标体系

静态分析指标的最大特点是不考虑时间因素，计算简便。所以在技术方案进行粗略评价，或对短期投资方案进行评价，或对逐年收益大致相等的技术方案进行评价时，静态分析指标还是可采用的。

动态分析指标强调利用复利方法计算资金时间价值，它将不同时间内资金的流入和流出，换算成同一时间点的价值，从而为不同技术方案的经济比较提供了可比基础，并能反映技术方案在未来时期的发展变化情况。

总之，在进行技术方案经济效果评价时，应根据评价深度要求、可获得资料的多少以及评价方案本身所处的条件，选用多个不同的评价指标，这些指标有主有次，从不同侧面反映评价方案的经济效果。

1. 投资收益率（R）分析

（1）投资收益率的定义。投资收益率是衡量技术方案获利水平的评价指标，它是技术方案建成投产达到设计生产能力后一个正常生产年份的年净收益额与技术方案投资的比率。它表明技术方案在正常生产年份中，单位投资每年所创造的年净收益额。对生产期内各年的净收益额变化幅度较大的技术方案，可计算生产期年平均净收益额与技术方案投资的比率，其计算公式为：

$$R = \frac{A}{I} \times 100\%$$ (3.1)

式中　R——投资收益率；

　　　A——技术方案年净收益额或年平均净收益额；

　　　I——技术方案投资。

（2）判别原则。将计算出的投资收益率（R）与所确定的基准投资收益率（R_c）进行比较。若 $R \geq R_c$，则技术方案可以考虑接受；若 $R < R_c$，则技术方案是不可行的。

（3）应用形式。根据分析的目的不同，投资收益率又具体分为：总投资收益率（ROI）、资本金净利润率（ROE）。

1）总投资收益率（ROI）。总投资收益率（ROI）表示总投资的盈利水平，按下式计算：

$$ROI = \frac{EBIT}{TI} \times 100\%$$ (3.2)

式中　$RBIT$——技术方案正常年份的年息税前利润或运营期内年平均息税前利润；

　　　TI——技术方案总投资（包括建设投资、建设期贷款利息和全部流动资金）。

公式中所需的财务数据，均可从相关的财务报表中获得。总投资收益率高于同行业的收益率参考值，表明用总投资收益率表示的技术方案盈利能力满足要求。

2）资本金净利润率（ROE）。技术方案资本金净利润率（ROE）表示技术方案资本金的盈利水平，按下式计算：

$$ROE = \frac{NP}{EC} \times 100\%$$ (3.3)

式中　NP——技术方案正常年份的年净利润或运营期内年平均净利润，净利润＝利润总额－所得税；

　　　EC——技术方案资本金。

公式中所需的财务数据，均可从相关的财务报表中获得。技术方案资本金净利润率高于同行业的净利润率参考值，表明用资本金净利润率表示的技术方案盈利能力满足要求。

总投资收益率（ROI）是用来衡量整个技术方案的获利能力。而资本金净利润率（ROE）则是用来衡量技术方案资本金的获利能力。

（4）指标优缺点及适用条件。

1）投资收益率（R）指标优点：经济意义明确、直观，计算简便，在一定程度上反映了投资效果的优劣，可适用于各种投资规模。

2）投资收益率（R）指标缺点：没有考虑投资收益的时间因素，忽视了资金具有时间价值的重要性，指标的计算主观随意性太强，正常生产年份的选择比较困难，其确定带有一定的不确定性和人为因素。

3）指标适用条件：投资收益率指标作为主要的决策依据不太可靠，主要用在技术方案制定的早期阶段或研究过程，且计算期较短、不具备综合分析所需详细资料的技术方案，尤其适用于工艺简单而生产情况变化不大的技术方案的选择和投资经济效果的评价。

【例 3.1】已知某技术方案拟投入资金和利润如表 3.1 所示。计算该技术方案的总投资收益率和资本金净利润率。

表 3.1　　　　　　　　　某技术方案拟投入资金和利润表　　　　　　　　单位：万元

序　号	项　目　　　　　　　年　限	1	2	3	4	5	6	7~10
1	建设投资							
1.1	自有资金部分	2000	500					
1.2	贷款本金		3000					
1.3	贷款利息（年利率 8%，投产后前 4 年等本偿还，利息照付）		120	249.6	190	127.6	65.1	
2	流动资金							
2.1	自有资金部分			400				
2.2	贷款			100	500			
2.3	贷款利息（年利率为 4%）			4	24	24	24	24
3	所得税前利润			−80	600	700	780	800
4	所得税后利润（所得税率为 30%）			−80	420	490	546	560

【解】（1）计算总投资收益率（ROI）。

1）技术方案总投资 TI ＝建设投资＋建设期贷款利息＋全部流动资金

$$＝2000＋500＋3000＋120＋400＋100＋500$$
$$＝6620（万元）$$

2）年平均息税前利润 $EBIT＝[(249.6＋190＋127.6＋65.1＋4＋24×7)$
$$＋(−80＋600＋700＋780＋800×4)]÷8$$
$$＝750.5（万元）$$

3）根据式（3.2）计算总投资收益率（ROI）。

$$ROI＝\frac{EBIT}{TI}×100\%＝\frac{750.5}{6620}×100\%＝11.34\%$$

（2）计算资本金净利润率（ROE）。

1）技术方案资本金 $EC＝2000＋500＋400＝2900$（万元）

2）年平均净利润　$NP＝(−80＋420＋490＋546＋560×4)÷8＝452$（万元）

3）根据式（3.3）可计算资本金净利润率（ROE）。

$$ROE＝\frac{NP}{EC}×100\%＝\frac{452}{2900}×100\%＝15.59\%$$

2. 静态投资回收期（P_t）分析

（1）静态投资回收期的定义。投资回收期也称返本期，是反映技术方案投资回收能力的重要指标。技术方案静态投资回收期是在不考虑资金时间价值的条件下，以技术方案的净收益回收期总投资（包括建设投资和流动资金）所需要的时间，一般以年为单位。静态投资回收期宜从技术方案建设开始年算起，若从技术方案投产开始年算起，应予特别注明。从建设开始年算起，静态投资回收期（P_t）的计算公式如下：

$$\sum_{t=0}^{P_t}(CI-CO)_t = 0 \tag{3.4}$$

式中　　　　P_t——技术方案静态投资回收期；

　　　　　　CI——技术方案现金流入量；

　　　　　　CO——技术方案现金流出量；

　　$(CI-CO)_t$——技术方案第 t 年净现金流量。

（2）判别原则。将计算出的静态投资回收期 P_t 与所确定的基准投资回收期 P_c 进行比较。若 $P_t \leqslant P_c$，表明技术方案投资能在规定的时间内收回，则技术方案可以考虑接受；若 $P_t > P_c$，则技术方案是可不行的。

（3）应用形式。静态投资回收期可借助技术方案投资现金流量表，根据净现金流量计算，其具体计算又分为以下两种情况：

1）当技术方案实施后各年的净收益（即净现金流量）均相同时，静态投资回收期的计算公式如下：

$$P_t = \frac{I}{A} \tag{3.5}$$

式中　I——技术方案总投资；

　　　A——技术方案每年的净收益，即 $A=(CI-CO)_t$。

2）当技术方案实施后各年的净收益不相同时，静态投资回收期可根据累计净现金流量求得，也就是在技术方案投资现金流量表中累计净现金流量由负值变为零的时点。计算公式为：

$$P_t = T-1 + \frac{\left|\sum_{t=0}^{T-1}(CI-CO)_t\right|}{(CI-CO)_T} \tag{3.6}$$

式中　　　　　　　T——技术方案各年累计净现金流量首次为正或零的年数；

　$\sum_{t=0}^{T-1}(CI-CO)_t$——技术方案第 $(T-1)$ 年累计净现金流量的绝对值；

　　$(CI-CO)_T$——技术方案第 T 年的净现金流量。

（4）指标优缺点及适用条件。

1）静态投资回收期（P_t）指标优点：指标容易理解，计算也比较简便，在一定程度上显示了资本的周转速度。显然，资本周转速度愈快，静态投资回收期愈短，风险愈小，技术方案抗风险能力强。因此在技术方案经济效果评价中一般都要求计算静态投资回收期，以反映技术方案原始投资的补偿速度和技术方案投资风险性。对于那些技术上更新迅速的技术方案，或资金相当短缺的技术方案，或未来的情况很难预测而投资者又特别关心资金补偿的技术方案，采用静态投资回收期评价特别有实用意义。

2）静态投资回收期（P_t）指标缺点：

①只考虑投资回收之前的效果，不能反映回收投资之后的效益大小。例如，有三个工程项目可供选择，总投资均为 2000 万元，投产后每年净收益如表 3.2 所示。从投资回收期指标看，项目 A、项目 B、项目 C 的投资回收期均为 2 年。但是项目 B、项目 C 在回收投资以后还有收益，其经济效益明显比项目 A 好，可是从 P_t 指标看是反映不出来它们之间的差别。

表 3.2　　　　　　　　　　　某项目年净收益表　　　　　　　　　　单位：万元

年　　　　限	项　目　A	项　目　B	项　目　C
1	1000	1000	1000
2	1000	1000	1000
3	—	1000	1000
4	—	—	1000

②静态投资回收期由于没有考虑资金的时间价值，无法正确地判别项目的优劣，可能导致错误的选择。例如，某项目需要 5 年建成，每年需投资 10 亿元，全部投资为贷款，年利率为 10％。项目投产后每年回收净现金 5 亿元，项目生产期为 20 年。若不考虑资金时间价值，投资回收期为 10 年〔（10×5）/5〕。即只用 10 年就可回收全部投资，以后的10 年回收的现金都是净赚的钱，共计 50 亿元，不能不说是一个相当不错的投资项目，但是如果考虑贷款利息因素，情况将大为不同：

$$投产时欠款 = 10 \times [（1 + 10％）^5 - 1] \div 10％ = 61.051（亿元）$$

$$投产后每年利息支出 = 61.051 \times 10％ = 6.1051（亿元）$$

可见每年回收的现金还不够偿还利息，因此，这是一个极不可取的项目。

③静态投资回收期指标没有考虑项目的寿命期及寿命期末残值的回收。

3）指标适用条件：静态投资回收期作为技术方案选择和技术方案排队的评价准则是不可靠的，它只能作为辅助评价指标，或与其他评价指标相结合应用。

【例 3.2】某技术方案投资现金流量表的数据如表 3.3 所示，计算该技术方案的静态投资回收期。

表 3.3　　　　　　　　　　　某技术方案投资现金流量表

项　　　目 \ 计算期/年	1	2	3	4	5	6	7	8
现金流入/元	0	0	900	1100	1100	1100	1100	1100
现金流出/元	500	600	600	600	600	600	600	600
净现金流量/元	−500	−600	300	500	500	500	500	500
累计净现金流量/元	−500	−1100	−800	−300	200	700	1200	1700

【解】根据式（3.6），可得：

$$P_t = 5 - 1 + \frac{|-300|}{500} = 4.6(年)$$

3. 财务净现值（FNPV）分析

（1）财务净现值的定义。财务净现值（FNPV）是反映技术方案在计算期内盈利能力的动态评价指标。技术方案的财务净现值是指用一个预定的基准收益率（或设定的折现率）i_c，分别把整个计算期间各年所发生的净现金流量都折现到技术方案开始实施时的现值之和。财务净现值计算公式为：

$$FNPV = \sum_{t=0}^{n} (CI - CO)_t (1 + i_c)^{-t} \qquad (3.7)$$

式中　$FNPV$——财务净现值；

$(CI-CO)_t$——技术方案在第 t 年的净现金流量（有正负之分）；

i_c——基准收益率；

n——技术方案计算期。

可根据需要选择计算所得税前财务净现值或所得税后财务净现值。

（2）判别原则。财务净现值是评价技术方案盈利能力的绝对指标。当 $FNPV > 0$ 时，说明该技术方案除了满足基准收益率要求的盈利之外，还能得到超额收益，也就是说，技术方案现金流入的现值和大于现金流出的现值和，该技术方案有收益，故该技术方案财务上可行；当 $FNPV = 0$ 时，则该技术方案基本能满足基准收益率要求的盈利水平，即技术方案现金流入的现值正好抵偿技术方案现金流出的现值，该技术方案财务上还是可行的；当 $FNPV < 0$ 时，该技术方案不能满足基准收益率要求的盈利水平，即技术方案收益的现值不能抵偿支出的现值，该技术方案财务上不可行。

（3）指标优缺点及适用条件。

1）财务净现值（FNPV）指标优点：考虑了资金的时间价值，并全面考虑了技术方案在整个计算期内现金流量的时间分布的状况；经济意义明确直观，能够直接以货币额表示技术方案的盈利水平；判断直观。

2）财务净现值（FNPV）指标缺点：必须首先确定一个符合经济现实的基准收益率，而基准收益率的确定往往是比较困难的；在互斥方案评价时，财务净现值必须慎重考虑互斥方案的寿命，如果互斥方案寿命不等，必须构造一个相同的分析期限，才能进行各个方案之间的比选；财务净现值也不能真正反映技术方案投资中单位投资的使用效率；不能直接说明在技术方案运营期间各年的经营成果；没有给出该投资过程确切的收益大小，不能反映投资的回收速度。

【例 3.3】已知某技术方案有如下现金流量（表 3.4），假定 $i_c = 10\%$，试计算财务净现值（FNPV）。

表 3.4　　　　　　　　　　某技术方案净现金流量　　　　　　　　　　单位：万元

年限 项目	1	2	3	4	5	6	7
净现金流量	−4000	−5000	1000	3000	3000	3000	3000

【解】根据式（3.7）可以得到：

$$FNPV = -4000(P/F,8\%,1) - 5000(P/F,8\%,2) + 1000(P/F,8\%,3)$$
$$+ 3000(P/F,8\%,4) + 3000(P/F,8\%,5)$$
$$+ 3000(P/F,8\%,6) + 3000(P/F,8\%,7)$$
$$= 691.60(万元)$$

由于 $FNPV = 691.60 > 0$，所以该技术方案在经济上可行。

4. 财务内部收益率（FIRR）分析

（1）财务内部收益率的定义。能够使得投资项目的净现值等于零的折现率就是该项目的内部收益率（Internal Rate of Return，记为 IRR 或 FIRR）。内部收益率法和净现值法一样，也是动态评价的一种重要的方法。

对具有常规现金流量（即在计算期内，开始时有支出而后才有收益，且方案的净现金流量序号的符号只改变一次的现金流量）的技术方案，其财务净现值的大小与折现率的高低有直接的关系。若已知某技术方案各年的净现金流量，则该技术方案的财务净现值就完全取决于所选用的折现率，即财务净现值是折现率的函数。其表达式如下：

$$FNPV(i) = \sum_{t=0}^{n}(CI-CO)_t(1+i)^{-t} \tag{3.8}$$

工程经济中常规技术方案的财务净现值函数曲线在其定义域（$-1 < i < \infty$）内（对大多数工程经济实际问题来说是 $0 \leqslant i < \infty$），随着折现率的逐渐增大，财务净现值由大变小，由正变负，$FNPV$ 与 i 之间的关系如图 3.2 所示。

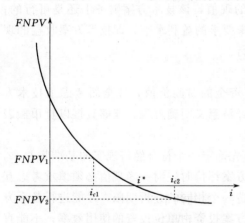

图 3.2　常规技术方案的净现值函数曲线

从图 3.2 可以看出，按照财务净现值的评价准则，只要 $FNPV(i) \geqslant 0$，技术方案就可以接受。但由于 $FNPV(i)$ 是 i 的递减函数，故折现率 i 定得越高，技术方案被接受的可能性越小。那么，若 $FNPV(0) > 0$，则 i 最大可以大到多少，仍使技术方案可以接受呢？很明显，i 可以大到使 $FNPV(i) = 0$，这时 $FNPV(i)$ 曲线与横轴相交，i 达到了其临界值 i^*，可以说 i^* 是财务净现值评价准则的一个分水岭，i^* 就是财务内部收益率（FIRR）。

对常规技术方案，财务内部收益率其实质就是使技术方案在计算期内各年净现金流量的现值累计等于零时的折现率。其数学表达式为：

$$FNPV(FIRR) = \sum_{t=0}^{n}(CI-CO)_t(1+FIRR)^{-t} = 0 \tag{3.9}$$

式中　$FIRR$——财务内部收益率。

若方案只有一次初始投资 I，以后各年有相同的净收益 A，残值为 L，则内部收益率的计算公式为：

$$-I + A(P/A, FIRR, n) + L(P/F, FIRR, n) = 0 \tag{3.10}$$

财务内部收益率的经济含义是反映项目全部投资所能获得的实际最大收益率，是项目借入资金利率的临界值。假如一个项目的全部投资均来自借入资金，从理论上讲，若借入资金的利率 $i<FIRR$，则该项目会有盈利；若 $i=FIRR$，则该项目全部投资所得的净收益刚好用于偿还借入资金的本金和利息；若 $i>FIRR$，则项目就无利可图，就是亏损。这样一个偿还的过程只与项目的某些内部因素（如借入资金额、各年的净收益以及由于存在资金的时间价值而产生的资金的增值率）有关，反映的是发生在项目内部的资金的盈利情况，而与项目之外的外界因素无关。

（2）判别原则。财务内部收益率计算出来后，与基准收益率 i_c 进行比较。对单方案来说，内部收益率越高，经济效益越好，则：

若 $FIRR \geqslant i_c$，则技术方案在经济上可以接受；

若 $FIRR < i_c$，则技术方案在经济上应予拒绝。

在多方案的比选中，若各方案的内部收益率 $FIRR_1$，$FIRR_2$，…，$FIRR_n$，均大于基准收益率 i_c，均可取，则此时应该与净现值指标结合起来考虑。一般是选择 $FIRR$ 较大且 $FNPV$ 最大的技术方案，而非 $FIRR$ 越大的方案越好（此时也可采用差额内部收益率法，计算差额部分的内部收益率来进行判断）。

（3）应用形式。财务内部收益率是一个未知的折现率，由式（3.9）可知，求方程式中的折现率需解高次方程，不易求解。在实际工作中，一般通过计算机直接计算，手算时可采用试算法确定财务内部收益率 $FIRR$。财务内部收益率的手算法大致程序如下：由式（3.9）可知，当 $t=0$，1，2，…，n 时，式（3.9）是一个高次方程，不能采用一般的代数方法求解。目前计算 $FIRR$ 的方法是试算法，即先任取一个折现率 i 计算净现值，如果净现值为正，则增加折现率 i；若果净现值为负，则减小 i 的值，直到净现值等于 0 或接近于 0 为止。此时的折现率 i 即为所求的内部收益率 $FIRR$。财务内部收益率的手算法主要有以下两种：

1）公式试算法。通常当试算的 i 使得净现值在零值左右摆动（前后两个净现值反号），且前后两次计算的 i 值之差足够小（一般不超过 $1\% \sim 2\%$，最大不得超过 5%）时，可用内插法近似求出内部收益率 $FIRR$。内插法公式为：

$$FIRR = i_1 + \frac{FNPV_1}{FNPV_1 + |FNPV_2|}(i_2 - i_1) \qquad (3.11)$$

式中 i_1、i_2——分别是使净现值由正值转为负值的两个相近的折现率，且 $i_2 > i_1$；

$FNPV_1$、$FNPV_2$——分别为 i_1、i_2 时的净现值，且 $FNPV_1 > 0$，$FNPV_2 < 0$。

2）图解法。先分别算出几个有代表性的折现率 i 所对应的净现值，然后画出净现值函数曲线，该曲线与折现率坐标的交点即为所求的内部收益率 $FIRR$。

【例 3.4】某工程项目现金流量如表 3.5 所示，试计算其内部收益率。

表 3.5   某技术方案现金流量表   单位：万元

项 目 年 限	0	1	2	3	4	5	6
净现金流量	-130	35	35	35	35	35	35

【解】根据式（3.10）可以得到：

$$-130 + 35(P/A, FIRR, 6) = 0$$

则 $\qquad$ $(P/A, FIRR, 6) = 3.7143$

查附录附表 5 可知，$FIRR$ 介于 15% 与 20% 之间。

令 $\qquad$
$$i_1 = 15\%, FNPV_2 = -130 + 35(P/A, 15\%, 6)$$
$$= -130 + 35 \times 3.784$$
$$= 2.44（万元） > 0$$
$$I_2 = 15\%, FNPV_2 = -130 + 35(P/A, 20\%, 6)$$
$$= -130 + 35 \times 3.326$$
$$= -13.59（万元） < 0$$

由式（3.11）可得：

$$FIRR = 15\% + \frac{2.44}{2.44 + |-13.59|}(20\% - 15\%) = 15.76\%$$

i_1 与 i_2 相差越小，计算所得的内部收益率越精确。

【例 3.5】 某新建化工厂工程项目，建设期为 3 年，第一年投资 8000 万，第二年投资 4000 万元，生产期 10 年，若 $i_0 = 18\%$，项目投产后预计年均收益 3800 万元，试确定：①项目是否可行；②$FIRR$ 是多少？

【解】（1）项目可行性分析。

$$FNPV = -8000 - 4000(P/F, 18\%, 1) + 3800(P/A, 18\%, 10)(P/F, 18\%, 3)$$
$$= -8000 - 4000 \times 0.8484 + 3800 \times 4.494 \times 0.609$$
$$= -991.99 < 0$$

则项目不可行。

（2）求 $FIRR$。

$$i_2 = 18\% \text{ 时}, FNPV_2 = -991.99 < 0$$
$$i_1 = 15\% \text{ 时}, FNPV_1 = -8000 - 4000(P/F, 15\%, 1)$$
$$+ 3800(P/A, 15\%, 10)(P/F, 15\%, 3)$$
$$= -8000 - 4000 \times 0.87 + 3800 \times 5.019 \times 0.658$$
$$= 1069.51 > 0$$

$$FIRR = i_1 + \frac{FNPV_1}{FNPV_1 + |FNPV_2|}(i_2 - i_1)$$
$$= 15\% + \frac{1069.51}{1069.51 + |-991.99|}(18 - 15)\%$$
$$= 16.56\%$$

则内部收益率是 16.56%。

（4）指标优缺点。

1）财务内部收益率（$FIRR$）指标优点：①该指标考虑了资金的时间价值及方案在整个寿命期内的经营情况；②不需要事先设定折现率而可以直接求出；③该指标以百分数表示，与传统的利率形式一致，比净现值更能反映方案的相对经济效益，能够直接衡量项目真正的投资收益率。

2）财务内部收益率（$FIRR$）指标缺点：①对于非常规投资项目内部收益率可能多解或无解，在这种情况下内部收益率难以确定；②需要大量的与投资项目有关的数据，计算比较麻烦。

（5）财务内部收益率指标（FIRR）与财务净现值指标（FNPV）的区别。财务净现值与财务内部收益率这两个评价指标都考虑了资金的时间价值，克服了静态评价方案的缺点，两者的主要区别在于：

1）财务净现值指标以绝对值表示，即直接以现金来表示工程项目在经济上的盈利能力；而内部收益率不直接用现金表示，而是以相对值来表示项目的盈利情况，更易被理解。

2）各个工程项目在同一基准收益率下计算的净现值具有可加性，而各个工程项目的内部收益率不能相加。

3）计算净现值必须已知基准收益率才能求得，而内部收益率的计算不需要已知基准收益率，只是在求得内部收益率后与基准收益率进行比较。

4）净现值指标可用于互斥方案进行比较选择最优方案，而内部收益率对互斥方案进行比较有时会与净现值指标发生矛盾，此时应以净现值指标为准。

（6）$FIRR$、$\Delta FIRR$（差额内部收益率）、$FNPV$、$\Delta FNPV$（差额净现值）之间的关系。如图 3.3 所示，方案 A ［图 3.3（a）］、方案 B ［图 3.3（b）］的现金流量图计算期相同，用方案 B 减去方案 A 的现金流量图，形成一个新的现金流量图 ［图 3.3（c）］，利用这个新形成的现金流量图就可以计算出 $\Delta FIRR$（差额内部收益率）和 $\Delta FNPV$（差额净现值）这两个指标。

通过 $FNPV$ 函数图来说明 $FIRR$、$\Delta FIRR$（差额内部收益率）、$FNPV$、$\Delta FNPV$（差额净现值）之间的关系。例如：有 A、B 两个互斥方案，现金流量图如图 3.3（a）、图 3.3（b）所示，两者形成的差额现金流量图如图 3.3（c）所示。

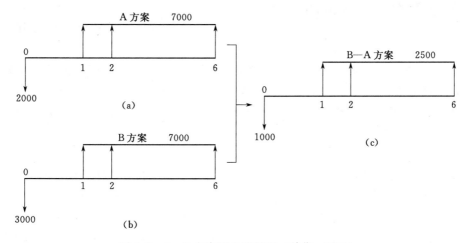

图 3.3 A、B 方案现金流量图（单位：万元）

根据现金流量，分别计算 A、B 两个方案的内部收益率，得 $FIRR_A = 26.4\%$，$FIRR_B = 22.1\%$，两个方案的 $FNPV$ 函数曲线如图 3.4 所示，两曲线的交点位于 i^*，则：

$$FNPV_A(i^*) = FNPV_B(i^*)$$

即

$$-2000+7000(P/A,i^*,6)=-3000+9500(P/A,i^*,6)$$

求得：
$$i^*=13\%$$

若以各方案的内部收益率来看，则 $FIRR_A>FIRR_B$，然而，从图 3.4 可以得到：

当 $i_c<i^*$ 时，$FNPV_A(i_c)<FNPV_B(i_c)$，则方案 B 优于方案 A；

当 $i_c>i^*$ 时，$FNPV_A(i_c)>FNPV_B(i_c)$，则方案 A 优于方案 B。

所以，不能简单的直接以 $FIRR$ 的大小来对互斥方案进行经济上的比较。

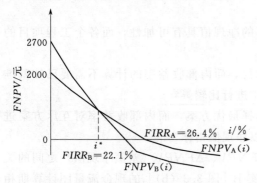

图 3.4 A、B 方案的 $FNPV$ 函数图   图 3.5　A、B 方案的 $\Delta FNPV$ 的函数图

根据图 3.3（c）所示的 A 与 B 方案所形成的差额方案的现金流量图，差额净现值函数为：

$$\Delta FNPV_{B-A}(i)=-1000+2500\times(P/A,i,6)$$

令上式等于 0，则求得差额内部收益率 $\Delta FIRR_{B-A}=13\%$（图 3.5）。

比较图 3.4 和图 3.5 可以发现 $\Delta FIRR$ 就是使得两个方案净现值相等的折现率，或者说是使两个方案优劣相等的折现率。显然：

当 $i_c=\Delta FIRR_{B-A}=13\%$ 时，必有 $\Delta FNPV_{B-A}=0$，则方案 A 和方案 B 在经济上等值；

当 $i_c<\Delta FIRR_{B-A}=13\%$ 时，必有 $\Delta FNPV_{B-A}>0$，则方案 B 在经济上优于方案 A；

当 $i_c>\Delta FIRR_{B-A}=13\%$ 时，必有 $\Delta FNPV_{B-A}<0$，则方案 A 在经济上优于方案 B。

因此，用 $\Delta FNPV$ 法和 $\Delta FIRR$ 法判断方案优劣的结论是一致的。$\Delta FNPV$ 法是常用的方法，$\Delta FIRR$ 法适用于无法确定基准收益率的情况。

5. 动态投资回收期（$P_t{'}$）分析

（1）动态投资回收期的定义。投资回收期是分析工程项目投资回收快慢的一种重要方法。作为投资者，非常关心投资回收期，通常，投资回收期越短投资风险就越小。投资回收快，收回投资后还可以进行新的投资，因此，投资回收期是投资决策的重要依据之一。

动态投资回收期就是在基准收益率或一定折现率下，投资项目用其投产后的净收益现值回收全部投资现值所需的时间，一般以"年"为单位计算。动态投资回收期一般从投资开始年算起，其计算公式为：

$$\sum_{t=0}^{P_t{'}}(CI-CO)_t(1+i)^{-t}=0 \tag{3.12}$$

式中　$P_t{'}$——动态投资回收期。

实际计算时一般采用逐年净现金流量现值的累计并结合以下插值公式求解 P_t'。

$$P_t' = \text{累计折现值开始出现正值的年数} - 1 + \frac{\text{上年累计折现值的绝对值}}{\text{当年净现金流量的折现值}} \quad (3.13)$$

（2）判别原则。采用动态投资回收期法进行方案评价时，应将计算所得的动态投资回收期 P_t' 与国家有关部门规定的基准投资回收期 P_c 相比较，以确定方案的取舍。故其判别标准是：

若 $P_t' \leqslant P_c$，则项目可行；

若 $P_t' > P_c$，则项目不可行。

【例 3.6】某项目技术方案有关数据如表 3.6 所示，基准折现率为 10%，标准动态回收期为 8 年，试计算动态投资回收期，并评价方案。

表 3.6　　　　　　　　　　某项目技术方案动态投资回收期计算表　　　　　　　　单位：万元

序号	年限／项目	0	1	2	3	4	5	6
1	投资支出	20	500	100				
2	其他支出				300	450	450	450
3	收入				450	700	700	700
4	净现值流量	−20	−500	−100	150	250	250	250
5	折现值	−20	−454.6	−82.6	112.7	170.8	155.2	141.1
6	累计折现值	−20	−474.6	−557.2	−444.5	−273.7	−118.5	22.6

【解】由于动态投资回收期就是累计折现值为 0 的年限，则动态投资回收期应按下式计算：

$$P_t' = 6 - 1 + 118.5/141.1 = 5.84 \text{（年）}$$

由于项目方案的投资回收期小于基准的动态投资回收期，则该项目可行。

（4）指标优缺点及适用条件。

1）动态投资回收期（P_t'）指标优点：动态投资回收期指标的概念明确，计算简单，突出了资金回收速度。

2）动态投资回收期（P_t'）指标缺点：动态投资回收期指标计算时需要注意的是，动态投资回收期与静态投资回收期相比，尽管考虑了资金的时间价值，但仍未考虑投资回收以后的现金流量，没有考虑投资项目的使用年限及项目的期末残值。而且，人们对于投资净收益的理解不同往往会影响该指标的可比性。

3）动态投资回收期（P_t'）指标适用条件：该指标常用作辅助指标，只有在资金特别紧张，投资风险很大的情况下，才把动态投资回收期作为评价技术方案最主要的依据之一。

6. 基准收益率的确定

（1）基准收益率的定义。基准收益率也称基准折现率，是企业或行业投资者以动态的观点所确定的、可接受的技术方案最低标准的收益水平。其在本质上体现了投资决策者对技术方案资金时间价值的判断和对技术方案风险程度的估计，是投资资金应当获得的最低盈利率水平，它是评价和判断技术方案在财务上是否可行和技术方案比选的主要依据。因此基准收益率确定得合理与否，对技术方案经济效果的评价结论有直接的影响，定得过高或过低都会导致投资决策的失误。所以基准收益率是一个重要的经济参数，而且根据不同角度编制的现金流量表，计算所需的基准收益率应有所不同。

（2）基准收益率的测定。投资者自行测定技术方案的最低可接受财务收益率，还应根据自身的发展战略和经营策略、技术方案的特点与风险、资金成本、机会成本等因素综合测定。

1）资金成本是为取得资金使用权所支付的费用，主要包括筹资费和资金的使用费。筹资费是指在筹集资金过程中发生的各种费用，如委托金融机构代理发行股票、债券而支付的注册费和代理费，向银行贷款而支付的手续费等。资金的使用费是指因使用资金而向资金提供者支付的报酬。技术方案实施后所获利润额必须能够补偿资金成本，然后才能有利可图，因此基准收益率最低限度不应小于资金成本。

2）投资的机会成本是指投资者将有限的资金用于拟实施技术方案而放弃的其他投资机会所能获得的最大收益。换言之，由于资金有限，当把资金投入拟实施技术方案时，将失去从其他最大的投资机会中获得收益的机会。机会成本的表现形式也是多种多样的。货币形式表现的机会成本，如销售收入、利润等；由于利率大小决定货币的价格，采用不同的利率（贴现率）也表示货币的机会成本。应当看到，机会成本是在技术方案外部形成的，它不可能反映在该技术方案财务上，必须通过工程经济分析人员的分析比较，才能确定技术方案的机会成本。机会成本虽不是实际支出，但在工程经济分析时，应作为一个因素加以认真考虑，有助于选择最优方案。

显然，基准收益率应不低于单位资金成本和单位投资的机会成本，这样才能使资金得到最有效的利用。这一要求可用下式表达：

$$i_c \geqslant i_1 = \max(单位资金成本，单位投资机会成本) \tag{3.14}$$

如技术方案完全由企业自有资金投资时，可参考行业平均收益水平，可以理解为一种资金的机会成本；假如技术方案投资资金来源于自有资金和贷款时，最低收益率不应低于行业平均收益水平（或新筹集权益投资的资金成本）与贷款利率的加权平均值。如果有好几种贷款时，贷款利率应为加权平均贷款利率。

3）投资风险。在整个技术方案计算期内，存在着发生不利于技术方案的环境变化的可能性，这种变化难以预料，即投资者要冒着一定的风险作决策。为此，投资者自然就要求获得较高的利润，否则他是不愿去冒风险的。所以在确定基准收益率时，仅考虑资金成本、机会成本因素是不够的，还应考虑风险因素，通常以一个适当的风险贴补率 i_2 来提高 i_c 值。就是说，以一个较高的收益水平补偿投资者所承担的风险，风险越大，贴补率越高。为了限制对风险大、盈利低的技术方案进行投资，可以采取提高基准收益率的办法来进行技术方案经济效果评价。

一般说来，从客观上看，资金密集型的技术方案，其风险高于劳动密集型的；资产专用性强的风险高于资产通用性强的；以降低生产成本为目的的风险低于以扩大产量、扩大市场份额为目的的。从主观上看，资金雄厚的投资主体的风险低于资金拮据者。

4）通货膨胀。所谓通货膨胀是指由于货币（这里指纸币）的发行量超过商品流通所需要的货币量而引起的货币贬值和物价上涨的现象。在通货膨胀影响下，各种材料、设备、房屋、土地的价格以及人工费都会上升。为反映和评价出拟实施技术方案在未来的真实经济效果，在确定基准收益率时，应考虑这种影响，结合投入产出价格的选用决定对通货膨胀因素的处理。

通货膨胀以通货膨胀率来表示，通货膨胀率主要表现为物价指数的变化，即通货膨胀率约等于物价指数变化率。由于通货膨胀年年存在，因此，通货膨胀的影响具有复利性质。一般每年的通货膨胀率是不同的，但为了便于研究，常取一段时间的平均通货膨胀率，即在所研究的时期内，通货膨胀率可以视为固定的。

综合以上分析，投资者自行测定的基准收益率可确定如下：

若技术方案现金流量是按当年价格预测估算的，则应以年通货膨胀率 i_3 修正 i_c 值。即：

$$i_c = (1+i_1)(1+i_2)(1+i_3) - 1 \approx i_1 + i_2 + i_3$$

若技术方案的现金流量是按基年不变价格预测估算的，预测结果已排除通货膨胀因素的影响，就不再重复考虑通货膨胀的影响去修正 i_c 值。即：

$$i_c = (1+i_1)(1+i_2) - 1 \approx i_1 + i_2$$

上述近似处理的条件是 i_1、i_2、i_3 都为小数。

总之，合理确定基准收益率，对于投资决策极为重要。确定基准收益率的基础是资金成本和机会成本，而投资风险和通货膨胀则是必须考虑的影响因素。

7. 偿债能力分析

举债经营已经成为现代企业经营的一个显著特点。企业偿债能力的大小，已成为判断和评价企业经营活动能力的一个标准。举债是筹措资金的重要途径，不仅企业自身要关心偿债能力的大小，债权人更为关心。

债务清偿能力分析，重点是分析判断财务主体——企业的偿债能力。由于金融机构贷款是贷给企业法人而不是贷给技术方案的，金融机构进行信贷决策时，一般应根据企业的整体资产负债结构和偿债能力决定信贷取舍。有时虽然技术方案自身无偿债能力，但是整个企业偿债能力强，金融机构也可能给予贷款；有时虽然技术方案有偿债能力，但企业整体信誉差、负债高、偿债能力弱，金融机构也可能不予贷款。因此，债务清偿能力评价，一定要分析债务资金的融资主体的清偿能力，而不是"技术方案"的清偿能力。对于企业融资方案，应以技术方案所依托的整个企业作为债务清偿能力的分析主体。为了考察企业的整体经济实力，分析融资主体的清偿能力，需要评价整个企业的财务状况和各种借款的综合偿债能力。为了满足债权人的要求，需要编制企业在拟实施技术方案建设期和投产后若干年的财务计划现金流量表、资产负债表、企业借款偿还计划表等报表，分析企业偿债能力。

（1）偿债资金来源。根据国家现行财税制度的规定，偿还贷款的资金来源主要包括可用于归还借款的利润、固定资产折旧、无形资产及其他资产摊销费和其他还款资金来源。

1）利润。用于归还贷款的利润，一般应是提取了盈余公积金、公益金后的未分配利润。如果是股份制企业需要向股东支付股利，那么应从未分配利润中扣除分配给投资者的利润，然后用来归还贷款。技术方案投产初期，如果用规定的资金来源归还贷款的缺口较大，也可暂不提取盈余公积金、公益金，但这段时间不宜过长，否则将影响到企业的扩展能力。

2）固定资产折旧。鉴于技术方案投产初期尚未面临固定资产更新的问题，作为固定资产重置准备金性质的折旧基金，在被提取以后暂时处于闲置状态。因此，为了有效地利用一切可能的资金来源以缩短还贷期限，加强企业的偿债能力，可以使用部分新增折旧基金作为偿还贷款的来源之一。一般地，投产初期可以利用的折旧基金占全部折旧基金的比例较大，随着生产时期的延伸，可利用的折旧基金比例逐步减小。最终，所有被用于归还贷款的折旧基金，应由未分配利润归还贷款后的余额垫回，以保证折旧基金从总体上不被挪作他用，在还清贷款后恢复其原有的经济属性。

3）无形资产及其他资产摊销费。摊销费是按现行的财务制度计入企业的总成本费用，但是企业在提取摊销费后，这笔资金没有具体的用途规定，具有"沉淀"性质，因此可以用来归还贷款。

4）其他还款资金。这是指按有关规定可以用减免的营业税金来作为偿还贷款的资金来源。进行预测时，如果没有明确的依据，可以暂不考虑。

技术方案在建设期借入的全部建设投资贷款本金及其在建设期的借款利息（即资本化利息）构成建设投资贷款总额，在技术方案投产后可由上述资金来源偿还。

在生产期内，建设投资和流动资金的贷款利息，按现行的财务制度，均应计入技术方案总成本费用中的财务费用。

（2）还款方式及还款顺序。技术方案贷款的还款方式应根据贷款资金的不同来源所要求的还款条件来确定。

1）国外（含境外）借款的还款方式。按照国际惯例，债权人一般对贷款本息的偿还期限均有明确的规定，要求借款方在规定的期限内按规定的数量还清全部贷款的本金和利息。因此，需要按协议的要求计算出在规定的期限内每年需归还的本息总额。

2）国内借款的还款方式。目前虽然借贷双方在有关的借贷合同中规定了还款期限，但在实际操作过程中，主要还是根据技术方案的还款资金来源情况进行测算。一般情况下，按照先贷先还、后贷后还，利息高的先还、利息低的后还的顺序归还国内借款。

（3）偿债能力分析。偿债能力指标包含：借款偿还期（P_d）、利息备付率（ICR）、偿债备付率（$DSCR$）、资产负债率、流动比率和速动比率。

1）借款偿还期（P_d）。借款偿还期是指根据国家财税规定及技术方案的具体财务条件，以可作为偿还贷款的收益（利润、折旧、摊销费及其他收益）来偿还技术方案投资借款本金和利息所需要的时间。它是反映技术方案借款偿债能力的重要指标。借款偿还期的计算式如下：

$$I_d = \sum_{t=0}^{P_d} (B + D + R_o - B_r)_t \tag{3.15}$$

式中　P_d——借款偿还期（从借款开始年计算；当从投产年算起时，应予注明）；

　　　I_d——投资借款本金和利息（不包括已用自有资金支付的部分）之和；

　　　B——第 t 年可用于还款的利润；

　　　D——第 t 年可用于还款的折旧和摊销费；

　　　R_o——第 t 年可用于还款的其他收益；

B_r——第 t 年企业留利。

借款偿还期满足贷款机构的要求期限时，即认为技术方案是有借款偿债能力的。

借款偿还期指标适用于那些不预先给定借款偿还期限，且按最大偿还能力计算还本付息的技术方案；它不适用于那些预先给定借款偿还期的技术方案。对于预先给定借款偿还期的技术方案，应采用利息备付率和偿债备付率指标分析企业的偿债能力。

在实际工作中，由于技术方案经济效果评价中的偿债能力分析注重的是法人的偿债能力而不是技术方案，因此在《建设项目经济评价方法与参数（第三版）》中将借款偿还期指标取消，只计算利息备付率和偿债备付率。

在实际工作中，借款偿还期可通过借款还本付息计算表推算，以"年"为单位计算。其具体推算公式如下：

$$P_d = (A-1) + \frac{B}{C} \qquad (3.16)$$

式中　A——借款偿还开始出现盈余年份；

　　　B——盈余当年应偿还借款额；

　　　C——盈余当年可用于还款的余额。

2）利息备付率（ICR）。利息备付率也称已获利息倍数，指在技术方案借款偿还期内各年企业可用于支付利息的息税前利润（$EBIT$）与当期应付利息（PI）的比值。其表达式为：

$$ICR = \frac{EBIT}{PI} \qquad (3.17)$$

式中　$EBIT$——息税前利润，即利润总额与计入总成本费用的利息费用之和；

　　　PI——计入总成本费用的应付利息。

利息备付率应分年计算，它从付息资金来源的充裕性角度反映企业偿付债务利息的能力，表示企业使用息税前利润偿付利息的保证倍率。正常情况下利息备付率应当大于1，并结合债权人的要求确定。否则，表示企业的付息能力保障程度不足。尤其是当利息备付率低于1时，表示企业没有足够资金支付利息，偿债风险很大。参考国际经验和国内行业的具体情况，根据我国企业历史数据统计分析，一般情况下，利息备付率不宜低于2，而且需要将该利息备付率指标与其他同类企业进行比较，来分析决定本企业的指标水平。

3）偿债备付率（$DSCR$）。偿债备付率是指在技术方案借款偿还期内，各年可用于还本付息的资金（$EBITDA - T_{AX}$）与当期应还本付息金额（PD）的比值。其表达式为：

$$DSCR = \frac{EBITDA - T_{AX}}{PD} \qquad (3.18)$$

式中　$EBITDA$——企业息税前利润加折旧和摊销；

　　　T_{AX}——企业所得税；

　　　PD——应还本付息的金额，包括当期应还贷款本金额及计入总成本费用的全部利息。融资租赁费用可视同借款偿还；运营期内的短期借款本息也应纳入计算。

如果企业在运行期内有维持运营的投资，可用于还本付息的资金应扣除维持运营的投资。

偿债备付率应分年计算，它表示企业可用于还本付息的资金偿还借款本息的保证倍率。正常情况偿债备付率应当大于 1，并结合债权人的要求确定。当指标小于 1 时，表示企业当年资金来源不足以偿付当期债务，需要通过短期借款偿付已到期债务。参考国际经验和国内行业的具体情况，根据我国企业历史数据统计分析，一般情况下，偿债备付率不宜低于 1.3。

4）资产负债率。资产负债率是企业总负债与总资产之比，它既能反映企业利用债权人提供资金进行经营活动的能力，也能反映企业经营风险的程度，是综合反映企业偿债能力的重要指标。其计算公式为：

$$资产负债率 = \frac{总负债}{总资产} \times 100\% \tag{3.19}$$

从企业债权人角度看，资产负债率越低，说明企业偿债能力越强，债权人的权益就越有保障。从企业所有者和经营者角度看，通常希望该指标高些，有利于利用财务杠杆增加所有者获利能力。但资产负债率过高，企业财务风险也增大。因此，一般地说，该指标为 50% 比较合适，有利于风险与收益的平衡。

5）流动比率。流动比率是企业流动资产与流动负债的比率，主要反映企业的偿债能力。其计算公式为：

$$流动比率 = \frac{流动资产}{流动负债} \tag{3.20}$$

生产性行业平均值为 2。行业平均值是一个参考值，并不是要求企业的财务指标必须维持在这个水平，但若数值偏离过大，则应注意分析企业的具体情况。如果流动比率过高，则要检查其原因，是否是资产结构不合理造成的，或者是募集的长期资金没有尽快投入使用，或者是其他原因。如果流动比率过低，企业近期可能会有财务方面的困难。偿债困难会使企业的风险加大，投资者和财务分析人员需引起注意。

6）速动比率。速动比率是指企业的速动资产与流动负债之间的比率关系，反映企业对短期债务偿付能力的指标。

其中，速动资产是指能够迅速变现为货币资金的各类流动资产，通常有两种计算方法：一种方法是将流动资产中扣除存货后的资产统称为速动资产：即速动资产 = 流动资产－存货；另一种方法是将变现能力较强的货币资金、交易性金融资产、应收票据、应收账款和其他应收款等加总作为速动资产：速动资产 = 货币资金＋交易性金融资产＋应收票据＋应收账款＋其他应收款。在企业不存在其他流动资产项目时，这两种方法的计算结果应一致。否则，用第二种方法要比第一种方法准确，但比第一种方法复杂。其计算公式为：

$$速动比率 = \frac{速动资产}{流动负债} \tag{3.21}$$

由于速动资产的变现能力较强，因此，经验认为，速动比率为 1 就说明企业有偿债能力，低于 1 则说明企业偿债能力不强，该指标越低，企业的偿债能力越差。在企业的流动资产中，存货的流动性最小。在发生清偿事件时，存货蒙受的损失将大于其他流动资产。因此一个企业不依靠出售库存资产来清偿债务的能力是非常重要的。

3.2 投资方案的分类及方案比选

1. 投资方案的分类

一般情况下，业主在确定项目的意向之后，在进行项目建设方案的设计时，特别是较大或重大项目时，一般都需要先确定多个建设方案，然后再对这些方案进行比选，从中选择最经济、最合理的方案进行建设。因此，工程项目投资方案的比选在工程建设的初期就占有较重的地位，对整个项目的顺利进行以及工程项目后期的运营及盈利具有重大影响。

通常，投资方案有三种不同的类型。一是独立型投资方案，即在一组投资方案中采用其中某一方案，对于其他方案没有影响，只要条件允许，可以同时采用这组方案中的其他方案，可以同时兴建几个项目，他们之间互不排斥。二是互斥型投资方案，即在一组投资方案中采用了某一方案之后，就不能再使用这组方案中的其他任何一个方案。例如，建设一条高速公路可能有多条线形可以选择，但是我们在建设过程中只能采用其中的一条线形，而不能同时选择几种方案。三是混合型投资方案，即在多个方案之间，如果接受或者拒绝某一方案，会比较明显的改变或者影响其他方案的现金流量。

（1）互斥（互不相容）型投资方案。互斥方案是指互相关联、互相排斥的方案，即一组方案中的各个方案彼此可以相互代替，采纳方案组中的某一方案，就会自动排斥这组方案中的其他方案。

例如，某人参加了全日制研究生考试，并且被学校录取之后是选择继续工作，还是脱产进修学习；某人有 10 万元的存款，是放在银行赚取利息还是投资股票赚得更大的回报；某学生高考分数不太理想，填报志愿时是选择一个三流的本科学校还是选择一个较好的专科类学校等，都是属于互斥型的方案，选择其中一个方案，那么另外的方案就自动拒绝。

（2）独立（互不影响）型投资方案。独立型投资方案是指方案之间互不干扰、在经济上互不相关的方案，即这些方案是彼此独立无关的；选择或放弃其中一个方案，并不影响其他方案的选择。

例如，某一国外房地产公司在国内想与我国万达公司和万顺两家公司合作，其中方案 A 为与万达公司合作开发房地产项目，买地需要投资 10 亿元，预计收益 3 亿元；方案 B 为与万顺公司合作开发房地产项目，买地需要投资 20 亿元，预计收益 5 亿元；假设同时投资项目 A 和 B，投资 30 亿元：

若收益为 3＋5＝8（亿元），则加法法则成立，即方案 A 和方案 B 为独立型方案（A 与 B 可能不在同一城市，对于房子价格没有相互竞争的影响）；

若收益不为 8 亿元，则方案 A 和方案 B 不是独立型方案。（A 与 B 可能位于同一城市，甚至可能在同一片区，导致房子价格相互影响，从而影响收益）。

（3）混合型投资方案。混合型投资方案是指兼有互斥方案和独立方案两种关系的混合情况，即互相之间既有互相独立关系又有互相排斥关系的一组方案，也称为层混方案，即方案之间的关系分为两个层次，高层是一组互相独立的项目，而低层则由构成每个独立项目的互斥方案组成。

例如，某集团公司对下属的分公司所生产的互不影响（相互独立）产品的工厂分别进行新建、扩建和更新改造的 A、B、C 三个独立方案，而每个独立方案——新建、扩建、更新改造方案中又存在着若干个互斥方案，例如新建方案有 A1、A2，扩建方案有 B1、B2，更新改造方案有 C1、C2、C3，则该企业集团所面临的就是混合方案的问题。

混合型投资方案根据其中方案类型的不同，又可细分为：

1）先决方案。先决方案是指在一组方案中，接受某一方案的同时，就要求接受另一方案。设有 A、B 两个方案，要接受方案 B 则首先要接受方案 A，而接受方案 A 时可以与方案 B 是否被接受无关，此时，方案 A 为方案 B 的先决方案。

例如，兴建一座水库（方案 B）的同时，必须修一条公路（方案 A），但修一条公路（方案 A）不一定完全是为了兴建水库（方案 B），此时，修公路的投资方案就是兴建这座水库投资方案的先决方案。

2）不完全互斥方案。不完全互斥方案是指在一组投资方案中，若接受了某一方案之后，其他方案就可以成为无足轻重、可有可无的方案。例如，一条河中建立了一座公路桥之后，原有的简易人行桥就变得可有可无。

3）互补方案。互补方案是指在一组方案中，某一方案的接受有助于其他方案的接受，方案之间存在着相互依存的关系。

例如，建造一座建筑物 A 和增加一座空调系统 B，增加空调系统后，使建筑物的功能更完善了，故 B 方案的接受，有助于方案 A 的接受。

在实际应用时，明确所面临的方案是互斥型方案、独立型方案还是混合型方案等，是十分重要的。由于方案间的关系不同，其方案选择的指标就不同，选择的结果也不同。因而，在进行投资方案选择前，首先必须搞清方案的类型。

2. 投资方案比选的内容

投资方案比选可分为两个基本内容：单方案检验和多方案比选。

（1）单方案检验。单方案检验是指对某个初步选定的投资方案，根据项目收益与费用的情况，通过计算其经济评价指标，确定项目的可行性。单方案检验的方法比较简单，其主要步骤如下：

1）确定项目的现金流量情况，编制项目现金流量表或绘制现金流量图。

2）根据公式计算项目的经济评价指标，如 $FNPV$、$FIRR$、P_t' 等。

3）根据计算出的指标值及相对应的判别准则，如 $FNPV \geqslant 0$，$FIRR \geqslant i_c$，$P_t' \leqslant P_c$ 等来确定项目的可行性。

（2）多方案比选。多方案比选是指对根据实际情况所提出的多个备选方案，通过选择适当的经济评价方法与指标，对各个方案的经济效益进行比较，最终选择出具有最佳投资效果的方案。与单方案比选相比，多方案的比选要复杂得多，所涉及的影响因素、评价方法以及要考虑的问题都要多得多。可以说多方案比选是一个复杂的系统工程，涉及因素不仅包括经济因素，而且还包括诸如项目本身以及项目内、外部的其他相关因素。归纳起来主要有以下四个方面：

1）备选方案的筛选。通过单方案的检验剔除不可行的方案，因为不可行的方案是不能参加多方案比选的。

2）进行方案比选时所考虑的因素。多方案比选可按方案的全部因素计算多个方案的全部经济效益与费用，进行全面的分析对比，也可仅就各个方案的不同因素计算其相对经济效益和费用，进行局部的分析对比。另外还要注意各个方案间的可比性，要遵循效益与费用计算口径相一致的原则。

3）各个方案的结构类型。对于不同结构类型的方案比较方法和评价指标，考察结构类型所涉及的因素有：方案的计算期是否相同，方案所需的资金来源是否有限制，方案的投资额是否相差过大等。

4）备选方案之间的关系。备选方案之间的关系不同，决定了所采用的评价方法也会有所不同。备选方案之间的关系主要有独立型关系、互斥型关系及混合型关系三种。

3. 投资方案比选的意义

项目方案比选，即项目方案比较与选择，是寻求合理的经济和技术决策的必要手段，也是投资项目评估工作的重要组成部分。一项投资决策大体要经历以下程序：①确定拟建项目要达到的目标；②根据确定的目标，提出若干个有价值的投资方案；③通过方案比选，选出最佳投资方案；④最后对最佳方案进行评价，以判断其可行程度。投资决策的实质，就在于选择最佳方案，使得投资资源得到最优配置，实现投资决策的科学化和民主化，从而取得更好的投资经济效益。

项目方案比选所包含的内容十分广泛，既包括技术水平、建设条件和生产规模等的比选，同时也包括经济效益和社会效益的比选，还包括环境效益的比选。因此，进行投资项目方案比选时，可以按各个投资项目方案的全部因素，进行全面的技术经济对比，也可仅就不同因素，计算比较经济效益，进行局部的对比。

投资项目方案的比选是寻求合理的经济和技术决策的必要手段，也是投资项目评估工作的重要组成部分，因此具有十分重要的意义。

（1）投资项目方案比选是实现资源合理配置的有效途径。资源短缺是人们在实现经济生活中面临的基本问题，也是经济学的永恒话题。世界各国的资源都是有限的。我国素有"地大物博、资源丰富"之美称。事实上，就人均占有量和品位而言，我国资源远未达到丰富的程度。我国主要自然资源的人均占有量大大低于世界平均水平。资源短缺时制约我国经济发展的重要因素，科学技术的进步和人工合成材料的出现可以改变这种制约的程度、范围和形式，但并不能从根本上消除这种制约。运用定量方法对拟建项目的各个方案进行筛选，就可以实现资源的最优配置，以最少的资源投入，获得最大的经济效益。

（2）投资项目方案比选是实现投资决策科学化和民主化的重要手段。发挥人的主观能动性，以主观愿望代替客观规律，造成社会财富的巨大浪费。这一点在固定资产投资领域表现得尤为突出。投资决策缺乏科学方法和民主程序，仅凭借某些人的主观意志，随意拍板定案，给国民经济带来了极大损失。投资项目方案比选是一种科学的定量分析方法，通过对拟建项目各个方案的分析、比较和排队，选出最优方案，就可以为投资决策提供可靠的依据，实现投资决策科学化和民主化。

（3）投资项目方案比选是寻求合理的经济和技术决策的必然选择。在固定资产投资过程中，影响投资决策的因素是多方面的，比选经多方案比选，才能得出正确的结论。就某一拟建项目而言，不同的投资方案采用的技术经济措施不同，其成本和效益会有较大差异，因此拟建项目的生产规模、产品方案、工艺流程、主要设备选型等，均应根据实际情况提出各种可能的方案进行筛选，对筛选出的方案进行比选，得出最佳方案。

投资项目方案比选，应遵循一定的原则进行。方案比选原则上应通过国民经济评价来进行，亦即以国民经济评价资料和社会折现率为基础进行比选。对产出物相同或基本相同、投入物构成基本一致的方案进行比选时，为了简化计算，在不会与国民经济评价结论发生矛盾的前提下，也可通过财务评价加以确定，亦即以财务评价资料和基准折现率为基础进行方案的比选。这是方案比选应遵循的一条基本原则。投资项目方案比选还应遵循效益与费用计算口径对应一致的原则，同时应注意项目方案间的可行性，以及在某些情况下，使用不同评价指标导致相反结论的可能性。

3.3　互斥方案的比较选择

互斥方案是指互相关联、互相排斥的方案，即一组方案中的各个方案彼此可以相互代替，采纳方案组中的某一方案，就会自动排斥这组方案中的其他方案。

互斥型方案的比选也是通过计算项目相关的一些经济效果评价指标来进行的。在方案互斥的条件下，经济效果评价包含两部分内容：一是考察各个方案自身的经济效果，即进行绝对效果检验；二是考察哪个方案较优，即相对效果检验。两种检验缺一不可。互斥方案的经济效果评价使用的评价指标可以是价值性指标（如净现值、净年值、费用现值、费用年值），也可以是比率性指标（如内部收益率）。但应注意，采用比率性指标时必须分析不同方案之间的差额（追加）现金流量，否则会导致错误判断。

互斥方案经济效果评价的特点是要进行方案比较。不论计算期相等与否，不论使用何种评价指标，都必须满足方案间具有可比性的要求。一般情况下，互斥型投资方案的比选主要有以下三种情况。

3.3.1　项目寿命期相同的互斥型方案的比选

对于寿命期相同的互斥方案，计算期通常设定为其寿命周期，这样能满足在时间上可比的要求。寿命期相同的互斥方案的比选方案一般有净现值法、净现值率法、差额内部收益率法、最小费用法等。

（1）净现值法。净现值法就是通过计算各个备选方案的净现值并比较其大小而判断方案的优劣。是多方案比选中最常用的一种方法。其基本步骤为：

1）分别计算各个方案的净现值，并用判别准则加以检验，剔除 $FNPV < 0$ 的方案。

2）对所有 $FNPV \geqslant 0$ 的方案比较其净现值。

3）根据净现值最大准则，选择净现值最大的方案为最佳方案。

（2）差额分析法。

1）差额净现值（$\Delta FNPV$）法。差额净现值法是将一个投资规模大的方案 A 分解成两个投资规模较小的方案 B 和方案 C，或者可以看成方案 A 是由方案 B 追加投资方案 C 形成的。若方案 B 可行，只要追加投资方案 C 可行，则方案 A 一定可行，且优于方案 B。因此，差额净现值法就是分析追加投资方案 C 是否可行的方法。

【例 3.7】某公司研究出了一批（A、B、C、D、E、F 六个）具有潜力的，互斥的新投资方案，所有方案均有 10 年寿命，且残值为零。项目的有关数据如表 3.7 所示，基准收益率为 10%。试确定哪个方案是最优方案。

方　　案	初始费用	年净现金流量	方　　案	初始费用	年净现金流量
A	100000	16980	D	40000	6232
B	65000	13000	E	85000	16320
C	20000	2710	F	10000	1770

表 3.7　　　　　　　　　　**A、B、C、D、E、F 方案费用表**　　　　　　　　单位：万元

【解】 用差额净现值（$\Delta FNPV$）分析法进行方案比较。

（1）方案按投资规模由小到大排序。

$$F<C<D<B<E<A$$

（2）计算方案净现值。

$$FNPV_{F}=-10000+1770\times(P/A,10\%,10)=876.5>0$$

（3）方案 C 与 F 比较。

$$\Delta FNPV_{C-F}=-(20000-10000)+(2710-1770)(P/A,10\%,10)$$
$$=-4223.7<0$$

则方案 C 不能接受，仍然选择方案 F。

（4）方案 D 与 F 比较。

$$\Delta FNPV_{D-F}=-(40000-10000)+(6232-1770)(P/A,10\%,10)$$
$$=-2581<0$$

则方案 D 不能接受，仍然选择方案 F。

（5）方案 B 与 F 比较。

$$\Delta FNPV_{B-F}=-(65000-10000)+(13000-1770)(P/A,10\%,10)$$
$$=14008.35>0$$

则方案 B 可以接受，选择方案 B。

（6）方案 E 与 B 比较。

$$\Delta FNPV_{E-B}=-(85000-65000)+(16320-13000)(P/A,10\%,10)$$
$$=401.4>0$$

则方案 E 可以接受，选择方案 E。

（7）方案 A 与 E 比较。

$$\Delta FNPV_{A-E}=-(100000-85000)+(16980-16320)(P/A,10\%,10)$$
$$=-10944.3>0$$

则方案 A 不能接受，仍然选择方案 E。

综上所述：方案 E 为六个方案中的最优方案。

2）差额内部收益率（$\Delta FIRR$）法。内部收益率是衡量项目综合能力的重要指标，也是在项目经济评价中经常用到的指标之一，但是在进行互斥方案的比选时，如果直接用各个方案内部收益率的高低来衡量方案优劣的准则，往往会导致错误的结论。互斥方案的比选，实质上是分析投资大的方案所增加的投资能否用其增量收益来补偿，即对增量的现金流量的经济合理性作出判断，因此我们可以通过计算增量净现金流量的内部收益率来比选

方案，这样就能够保证方案比选结论的正确性。

差额内部收益率的表达式为：

$$\sum_{t=0}^{n}[(CI-CO)_2-(CI-CO)_1]_t(1+\Delta FIRR)^{-t}=0 \qquad (3.22)$$

或

$$\sum_{t=0}^{n}(CI-CO)_{2t}(1+\Delta FIRR)^{-t}=\sum_{t=0}^{n}(CI-CO)_{1t}(1+\Delta FIRR)^{-t} \qquad (3.23)$$

式中　　$(CI-CO)_2$——投资大的方案年净现金流量；

$\qquad$ $(CI-CO)_1$——投资小的方案年净现金流量。

进行方案比较时，当 $\Delta FIRR>i_c$（基准收益率或要求达到的收益率）或 $\Delta FIRR>i_s$（社会折现率）时，投资大的方案所耗费的增量投资的内部收益要大于要求的基准值，以投资大的方案为优；当 $\Delta FIRR=i_c$ 时，两方案在经济上等值，一般考虑选择投资大的方案。

对于三个（含三个）以上的方案进行比较时，通常采用前述的"环比法"进行比较。即首先将各方案按投资额现值的大小由低到高进行排列，然后按差额投资内部收益率法比较投资额最低和次低的方案，当 $\Delta FIRR_{大-小}\geq i_c$ 时，以投资大的方案为优。反之，则以投资小的方案为优；选出的方案再与下一个（投资额第三低的）方案进行比选；以此类推，直到最后一个保留的方案即为最优方案。

采用差额内部收益率指标对互斥方案进行比选的基本步骤如下：

a. 计算各备选方案的 $FIRR$。

b. 将 $FIRR\geq i_c$ 的方案按投资额由小到大依次排列。

c. 计算排在最前面的两个方案的差额内部收益率 $\Delta FIRR$，若 $\Delta FIRR\geq i_c$，则说明投资大的方案优于投资小的方案，保留投资大的方案；反之，若 $\Delta FIRR<i_c$，则保留投资小的方案。

d. 将保留的较优方案依次与相邻方案两两逐对比较，直至全部方案比较完毕，则最后保留的方案就是最优方案。

采用差额内部收益率法进行方案比选时一定要注意，差额内部收益率只能说明增加投资部分的经济合理性，亦即 $\Delta FIRR\geq i_c$，只能说明增量投资部分是有效的，并不能说明全部投资的效果，因此采用此方法前，应该先对备选方案进行单方案检验，只有可行的方案才能作为比较的对象。

（3）最小费用法。在工程经济中经常遇到这样一类问题，两个或多个方案其产出的效果相同，或基本相同但却难以进行具体估算，比如一些环保、国防、教育等项目，其所产生的效益无法或者说很难用货币计量，这样由于得不到其现金流量情况，也就无法采用诸如净现值法、差额内部收益率法等方法来对此类项目进行经济评价。在这种情况下，只能通过假定各方案的收益是相等的，对各方案的费用进行比较，根据效益极大化目标的要求及费用较小的项目比之费用较大的项目更为可取的原则来选择最佳方案，这种方法称为最小费用法。最小费用法包括费用现值比较法和年费用比较法。

1）费用现值（PC）比较法。费用现值比较法实际上是净现值法的一个特例，费用现值的含义是指利用此方法所计算出的净现值只包括费用部分。由于无法估算各个方案的收益情况，只计算备选方案的费用现值（PC）并进行对比，以费用现值较低的方案为最佳。其表达式为：

$$PC = \sum_{t=0}^{n} CO_t(1+i_c)^{-t} = \sum_{t=0}^{n} CO_t(P/F,i_c,t)^{-t} \tag{3.24}$$

2）年费用（AC）比较法。年费用比较法是通过计算各备选方案的等额年费用（AC）并进行比较，以年费用较低的方案为最佳方案的一种方法，其表达式为：

$$AC = \sum_{t=0}^{n} CO_t(P/F,i_c,t)(A/P,i_c,n) \tag{3.25}$$

采用年费用比较法与费用现值比较法对方案进行比较的结论是完全一致的。因为实际上费用现值（PC）和等额年费用（AC）之间可以很容易进行转换。即：

$$PC = AC(P/A,i,n)$$

或

$$AC = PC(A/P,i,n)$$

所以根据费用最小的选择原则，两种方法的计算结果是一致的，因此在实际应用中对于效益相同或基本相同但又难以具体估算的互斥方案进行比选时，若方案的寿命期相同，则任意选择其中的一种方法即可，若方案的寿命期不同，则一般适用年费用比较法。

【例 3.8】某项目有 A、B 两种不同的工艺设计方案，均能满足同样的生产技术要求，其有关费用支出如表 3.8 所示，试用费用现值法和年费用比较法选择最佳方案，已知 i_c = 10％。

表 3.8　　　　　　　　　　A、B 两方案费用支出表

项　目	投资（第一年末）/万元	年经营成本（2～10 年末）/万元	寿命期/年
A	600	280	10
B	785	245	10

【解】（1）费用现值比较法。根据费用现值的计算公式可分别计算出 A、B 两方案的费用现值为：

$PC_A = 600(P/F,10\%,1) + 280(P/A,10\%,9)(P/F,10\%,1) = 2011.40(万元)$

$PC_B = 785(P/F,10\%,1) + 245(P/A,10\%,9)(P/F,10\%,1) = 1996.34(万元)$

因为：$PC_A > PC_B$，

所以：方案 B 为最佳方案。

（2）年费用比较法。

根据公式计算出 A、B 两方案的等额年费用如下：

$$AC_A = 2011.40(A/P,10\%,10) = 327.36(万元)$$

$$AC_B = 1996.34(A/P,10\%,10) = 325.00(万元)$$

因为：$AC_A > AC_B$，

所以：方案 B 为最佳方案。

3.3.2　项目寿命期不同的互斥型方案的比选

寿命期不同的互斥方案，为了满足时间可比的要求，就需要对各备选方案的计算期和计算公式进行适当的处理，使各个方案在相同的条件下进行比较，才能得出合理的结论。为满足时间可比条件而进行处理的方法很多，常用的方法有计算期统一法和净年值法。

（1）计算期统一法（净现值法）。计算期统一法就是对计算期不等的比选方案选定一个共同的计算分析期，在此基础上，再用前述指标对方案进行比选，计算期统一法具体的评价指标也是净现值（$FNPV$），其常用的处理方法有：

1）最小公倍数法。最小公倍数法又称方案重复法，是以各备选方案寿命期的最小公倍数作为进行方案比选的共同的计算期。

例如：有 A、B 两个互斥方案，A 方案计算期为 5 年，B 方案计算期为 6 年，则其共同的计算期即为 30 年（5 和 6 的最小公倍数），然后假设 A 方案将重复实施 6 次，B 方案将重复实施 5 次，分别对其净现金流量进行重复计算，计算出在共同的计算期内各个方案的净现值，以净现值较大的方案为最佳方案。

【例 3.9】有 A、B、C 三个项目，各方案的现金流量图如表 3.9 所示，各方案的现金流量图如图 3.6 所示，假定基准收益率 $i_c = 15\%$，试用最小公倍数法对三个互斥投资方案进行评价。

表 3.9　　　　　　　　　　　A、B、C 方案的现金流量表

方　案	初始投资/万元	残值/万元	年度支出/万元	年度收入/万元	寿命期/年
A	6000	0	1000	3000	3
B	7000	200	1000	4000	4
C	9000	300	1500	4500	6

【解】三个项目寿命期的最小公倍数为 12，则计算期为 12 年。

$$FNPV_A = -6000 - 6000(P/F,15\%,3) - 6000(P/F,15\%,6)$$
$$- 6000(P/F,15\%,9) + (3000-1000)(P/A,15\%,12)$$
$$= -3402.6（万元）$$

$$FNPV_B = -7000 - 7000(P/F,15\%,4) - 7000(P/F,15\%,8)$$
$$+ (4000-1000)(P/F,15\%,12) + 200(P/F,15\%,4)$$
$$+ 200(P/F,15\%,8) + 200(P/F,15\%,12)$$
$$= 3189.22（万元）$$

$$FNPV_C = -9000 - 9000(P/F,15\%,6) + (4500-1500) \times (P/A,15\%,12)$$
$$+ 300(P/F,15\%,6) + 300(P/F,15\%,12)$$
$$= 3558.06（万元）$$

由于 $FNPV_C > FNPV_B > FNPV_A$，所以方案 C 为最优方案。

2）最短计算期法（研究期法）。在用最小公倍数法对互斥方案进行比选时，如果诸方案的最小公倍数比较大，则就需要对计算期较短的方案进行多次的重复计算，而这与实际情况显然不相符合，因为技术是在不断地进步，一个完全相同的方案在一个较长的时期内

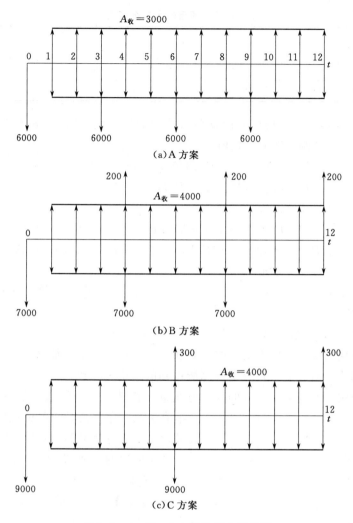

图 3.6 A、B、C 方案的现金流量图

反复实施的可能性不大，因此用最小公倍数法得出的方案评价结论就不太令人信服。这时可以采用一种被称为研究期的评价方法。

最短计算期法（研究期法）就是针对寿命期不相等的互斥方案，直接选取一个适当的分析期作为各个方案共同的计算期，通过比较各个方案在该计算期内的净现值来对方案进行比选。以净现值最大的方案为最佳方案。其中，计算期的确定要综合考虑各种因素，在实际应用中，为简便起见，往往直接选取诸方案中最短的计算期为各个方案的共同的计算期，所以最短计算期法和研究期法是同一个意思。采用最短计算期法进行方案进行比选时，其计算步骤、判别准则均与净现值法完全一致，唯一需要注意的是对于寿命期比共同计算期长的方案，要对其在计算期以后的现金流量情况进行合理的估算，以免影响结论的合理性。

【例 3.10】有 A、B 两个项目的净现金流量如表 3.10 所示，若已知 $i_c = 10\%$，试用最短计算期法对方案进行比较。

项　目 \ 年　限	1	2	3～7	8	9	10
A	−550	−350	380	430		
B	−1200	−850	750	750	750	900

表 3.10　　　　　　　　**A、B 两个项目的净现金流量**　　　　单位：万元

【解】取 A、B 两方案中较短的计算期为共同的计算期，即 $n=8$（年），分别计算当计算期为 8 年时 A、B 两方案的净现值

$$FNPV_A = -550(P/F,10\%,1) - 350(P/F,10\%,2) + 380(P/A,10\%,5)$$
$$\times (P/F,10\%,2) + 430(P/F,10\%,8)$$
$$= 601.89（万元）$$

$$FNPV_B = [-1200(P/F,10\%,1) - 850(P/F,10\%,2) + 750(P/A,10\%,7)$$
$$\times (P/F,10\%,2) + 900(P/F,10\%,10)](A/P,10\%,10)(P/A,10\%,8)$$
$$= 1364.79（万元）$$

注意：计算 $FNPV_B$ 时，是先计算 B 在其寿命期内的净现值，然后再计算 B 在共同的计算期内的净现值。

由于 $FNPV_B > FNPV_A > 0$，所以 B 方案为最佳方案。

注意：分析期的设定应根据决策的需要和方案的技术经济特征来决定，用最小公倍数法和最短计算期法（研究期法）分别计算所得到的结论是一致的。

（2）净年值法。对寿命期不等的互斥方案进行比选时，净年值法是最为简便的方法。

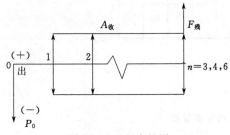

图 3.7　现金流量图

净年值法以"年"为时间单位比较各方案的经济效果，从而使寿命不等的互斥方案具有可比性。

净年值法的判别准则为：净年值（$FNAV$）≥ 0，且该值最大的方案是最优可行方案。

【例 3.11】参照［例 3.9］。试用净年值法对三个互斥投资方案进行评价。

【解】绘制现金流量图

如图 3.7 所示：

方案 A：$FNAV_A = -6000(A/P,15\%,3) + 3000 - 1000 = -627.34（万元）$

方案 B：$FNAV_B = -7000(A/P,15\%,4) + 4000 - 1000 + 200(A/F,15\%,4)$
$$= 588.164（万元）$$

方案 C：$FNAV_C = -9000 \times (A/P,15\%,6) + 4500 - 1500 + 300(A/F,15\%,6)$
$$= 656.11（万元）$$

因为：$FNAV_C > FNAV_B > FNAV_A$，

所以：方案 C 为最优方案，与最小公倍数法所得到的结果一致。

3.3.3　项目无限寿命的互斥型方案的比选

有些项目（如铁路、公路、桥梁、涵洞、水库、机场等）的服务年限可视为无限大。即使项目的服务年限不是很长，但服务年限比较长（比如超过 40 年），动态分析对遥远的

未来已经不敏感。例如，当 $i=4\%$，45 年后的 1 元的现值约为 0.171 元，50 年后的 1 元现值约为 0.141 元；当 $i=6\%$ 时，30 年后的 1 元的现值仅为 0.174 元，50 年后的 1 元的现值约为 0.0543 元。在这种情况下，项目寿命可视为无限长。

项目无限寿命的互斥方案的比选方法主要有现值法和净年值法。

（1）现值法。按无限寿命计算出的现值 P，一般称为"资金成本或资本化成本"。资本化成本 P 的计算公式为：

$$P = A/i \tag{3.26}$$

证明：

$$P = A\left[\frac{(1+i)-1}{i(1+i)^n}\right] = A\left[\frac{1}{i} - \frac{1}{i(1+i)^n}\right]$$

当 n 趋向于无穷大时，则有：

$$P = A\lim_{n\to\infty}\left[\frac{1}{i} - \frac{1}{i(1+i)^n}\right] = \frac{A}{i}$$

资本化成本的含义是指与一笔永久发生的年金等值的现值。资本化成本从经济意义上可以解释为一项生产资金需要现在全部投入并以某种投资效果系数获利，以便取得一笔费用来维持投资项目的持久性服务。这时只消耗创造的资金；而无需耗费最初投放的生产资金，因此该项生产资金在下一周期内可以继续获得同样的利润用以维持所需的维持费用，如此不断循环下去。

对无限寿命互斥方案进行净现值比较的判别准则为：$FNPV \geqslant 0$，且该净现值最大的方案是最优方案。

对于仅有费用现金流量的互斥方案，可以比照净现值法，用费用现值法进行比选，判别准则为：费用现值最小的方案为最优方案。

【例 3.12】某河流上打算建设一座桥梁，有 A、B 两处选点方案，如表 3.11 所示，若基准折现率 $i_c=10\%$，试比较方案的优劣。

表 3.11 　　　　　　　　　　　A、B 方案的现金流量图

方　案	一次投资/万元	年维护费/万元	寿命期/年
A	3080	1.5	5（每 10 年一次）
B	2230	0.8	4.5（每 5 年一次）

【解】A、B 两方案的现金流量图如图 3.8 所示：

$PC_A = 3080 + A/i = 3080 + [1.5 + 5(A/F,10\%,10)]/10\% = 3098.13(万元)$

$PC_B = 2230 + A/i = 2230 + [0.8 + 4.5(A/F,10\%,5)]/10\% = 2245.37(万元)$

因为：$PC_A > PC_B$，

所以：方案 B 为最优方案。

（2）净年值法。无限寿命的年制可以用下面的公式为依据计算：

$$A = P \times i \tag{3.27}$$

对无限寿命互斥方案进行净年值比较的判别准则为：$FNAV \geqslant 0$，且该值最大的方案是最优方案。对于仅有或仅需计算费用现金流量的互斥方案，可以比照净年值法，用费用

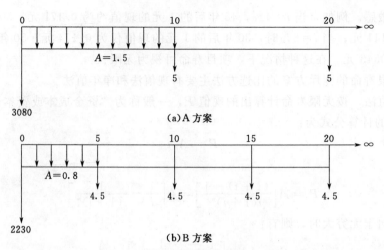

图 3.8　A、B 方案的费用现金流量图（单位：万元）

年值法进行比选，判别准则是：费用年值最小的方案为最优方案。

【例 3.13】现在需要对某渠道进行修复，有 A、B 两种施工方案，A 方案是用挖泥机清除渠道底部淤泥，B 方案是在渠道底部设永久性混凝土板，各项数据如表 3.12 所示，假定利率为 5%，试比较两种方案的优劣。

表 3.12　　　　　　　　　　　　A、B 方案的现金流量表　　　　　　　　　　单位：元

方　案　A	费　用	方　案　B	费　用
购买挖泥设备（寿命 10 年）	65000	河底混凝土板（无限寿命）	65000
年经营费	34000	年维护费	1000
挖泥设备残值	7000	混凝土板大修（5 年一次）	10000

【解】A、B 两方案的现金流量图如图 3.9 所示。

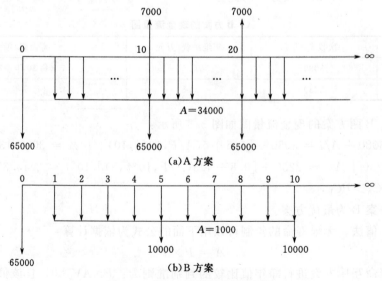

图 3.9　A、B 方案的现金流量图

采用费用年值法比较：

$$AC_A = 65000(A/P,5\%,10) - 7000(A/F,5\%,10) + 34000 = 41861(元)$$

$$AC_B = 65000 \times 5\% + 10000(A/F,5\%,5) + 1000 = 35346(元)$$

因为：$AC_A > AC_B$，

所以：方案 B 为最优方案。

3.4 独立方案和混合方案的比较选择

独立方案比选即单方案比选，指的是在资金约束条件下，如何选择一组项目组合，以便获得最大的总体效益，即 $\sum FNPV(i_c)$ 最大。常用的评价指标主要有财务净现值、内部收益率等。

当各投资项目相互独立时，若资金对所有项目不构成约束，只要分别计算各项目的 $FNPV$ 或 $FIRR$，选择所有 $FNPV(i_c) \geqslant 0$ 或 $FIRR \geqslant i_c$ 的项目即可；若资金不足以分配到全部 $FNPV(i_c) \geqslant 0$ 的项目时，即形成所谓的资金约束条件下的优化组合问题。约束条件下的优化组合问题常见的基本解法是互斥组合法。

混合型投资方案是指兼有互斥方案和独立方案两种关系的混合情况，即互相之间既有互相独立关系又有互相排斥关系的一组方案，也称为层混方案，即方案之间的关系分为两个层次，高层是一组互相独立的项目，而低层则由构成每个独立项目的互斥方案组成。因此混合型投资方案的比选就是兼用独立型方案和混合型方案的评价方法。

【例 3.14】有三个相互独立的方案 A、B、C，其寿命期均为 10 年，现金流量如表 3.13 所示。设 $i_c = 15\%$，求：①当资金无限额时，试判断各方案的经济可行性；②当资金限额为 18000 万元，应如何选择方案？

表 3.13　　　　　　　A、B、C 方案的现金流量统计及计算结果　　　　　　单位：万元

方　案	初始投资	年收入	年支出	年净收益	$FNPV$	$FNAV$	$FIRR$
A	5000	2400	1000	1400	2027>0	404>0	25%>i_c
B	8000	3100	1200	1900	1536>0	306>0	20%>i_c
C	10000	4000	1500	2500	2547>0	507>0	22%>i_c

【解】（1）以 A 方案为例，$FNPV_A$、$FNAV_A$ 和 $FIRR_A$ 的计算过程和结果如下：

$$FNPV_A = -5000 + (2400 - 1000)(P/A,15\%,10) = 2027(万元)$$

$$FNAV_A = -5000(A/P,15\%,10) - 1000 + 2400 = 404(万元)$$

由：$-5000 + 1400(P/A, FIRR_A, 10) = 0$，解得：$FIRR_A = 25\%$。

同理，可求得 B、C 方案的 $FNPV_B$、$FNAV_B$、$FIRR_B$ 和 $FNPV_C$、$FNAV_C$、$FIRR_C$ 值，如表 3.13 中所示，由表可知 A、B、C 三个方案均分别满足净现值、净年值和内部收益率指标的评价准则，故 A、B、C 三个方案均是可以接受方案。

注意：由【例 3.14】可见，对于独立方案，不论采用净现值、净年值或内部收益率

评价指标，评价结论都是相同的；同时也可以看出内部收益率评价指标不能用于对方案比选，对方案比选应采用差额内部收益率法或差额净现值法。

（2）列出所有的互斥方案组合，共 $2^3 = 8$ 个（包括全部投资方案）。如果本题采用净现值法，在资金限额不超过 18000 万元的方案组合中，以净现值最大选取最佳方案组合，如表 3.14 所示。

表 3.14　　　　　　　　　　　方 案 组 合 计 算 表　　　　　　　　　单位：万元

序　号	1	2	3	4	5	6	7	8
方案组合	0	A	B	C	A+B	A+C	B+C	A+B+C
初始投资	0	5000	8000	10000	13000	15000	18000	23000
年净收益	0	1400	1900	2500	3300	3900	4400	5800
净现值	0	2027	1536	2547	3563	[4574]	4083	6110

从表中可以看出，资金不超过 18000 万元限额的方案组合有 7 个，即 0、A、B、C、A+C、A+B 和 B+C。其中 A+C 组个方案的净现值最大，故选择 A、C 两方案。

习　　题

1. 什么是投资回收期？它有什么特点？为什么说投资回收期只能作为辅助评价指标？

2. 什么是投资收益率？它与投资回收期有什么关系？

3. 动态投资回收期与静态投资回收期有何不同？它们有什么关系？

4. 什么是净现值和净现值指数？它们在评价方案时有什么异同？

5. 某项目初期投资 200 万元，每年的净收益为 30 万元，问该项目的投资回收期和投资收益率为多少？若年折现率为 10%，那么此时投资回收期又为多少？如果第一年的净收益为 25 万元，以后每年逐渐递增 2 万元，分别求静态和动态的投资回收期。

6. 某项目初始投资 10000 元，第 1 年末现金流入 2000 元，第 2 年末现金流入 3000 元，第 3 年以后每年的现金流入为 4000 元，寿命期为 8 年。若基准投资回收期为 5 年，问该项目是否可行？如果考虑基准折现率为 10%，那么该项目是否可行？

7. 互斥方案 C、D 具有相同的产出，相同的寿命，但两方案的费用不同，投资和经营费用如表 3.15 所示。当折现率为 10% 时，方案的费用现值和费用年值是多少？并比较哪个方案最优。

表 3.15　　　　　　　　方案 C、D 的投资和经营费用　　　　　　　单位：万元

方案 \ 年限	0	1	2~6	7~9
方案 C	100	120	60	40
方案 D	150	180	40	30

8. 若项目开始（年初）获得资金，以后偿还。第 1 年获得 5000 元，第 2 年获得 8000 元，从第 3 年开始偿还，第 3 年还 3000 元，第 4 年还 5000 元，第 5 年还 6000 元。问该项目的内部收益率为多少？若基准折现率为 5%，那么此项目是否可行？

第4章 工程项目可行性研究

【学习目标】

本章要求学生，熟悉工程项目可行性研究的概念和方法，理解可行性研究的作用以及编制可行性研究报告的方法，从而能够付诸实践。

4.1 可行性研究概述

1. 工程项目可行性研究的概念与作用

项目可行性研究（Feasibility Study）是指对工程项目建设投资决策前进行技术经济分析、论证的科学方法和合理的手段。它以保证项目建设以最小的投资耗费取得最佳的经济效果，是实现项目技术在技术上先进、经济上合理和建设上可行的科学方法。

可行性研究的主要作用有以下几点。

（1）可行性研究是建设项目投资决策和编制设计任务书的依据，决定一个项目是否应该投资，主要依据项目可行性研究所用的定性的定量的技术经济分析。因此，它是投资决策的主要依据，只有决策后，才能编制设计任务书，才能产生项目决策性的法人文件。

（2）可行性研究是筹集资金的依据。特别是需要申请银行贷款的项目，可行性研究报告是银行在接受贷款项目前进行全面分析、评估、确认能否贷款的依据。

（3）可行性研究报告是工程项目建设前期准备的依据。包括进行设计，设备订货、合同的洽谈，环保、规划部门确认等，都依据可行性研究的结果。

2. 可行性研究阶段的划分

国际上通常将可行性研究分为机会研究、初步可行性研究和（最终）可行性研究 3 个阶段。其中，（最终）可行性研究通常也简称为可行性研究，其工作深度已大体做到了相当于我国的设计任务书及项目初步设计的程度。

可行性研究各阶段的划分如表 4.1 所示。

表 4.1　　　　　　　　　　　　　可行性研究阶段的划分

阶 段 名 称	投 资 误 差 范 围	研 究 所 需 时 间	研究费用占总投资额的比重
机会研究	±30%	1～2 个月	0.2%～1%
初步可行性研究	±20%	4 个月左右	0.25%～1.25%
可行性研究	±10%	6 个月以上	1%～3%

国外初步可行性研究是在机会研究的基础上，对拟建项目的进一步论证分析。其任务

是确定项目是否真的有投资价值，是否应对该项目展开全面的、详尽的（最终）可行性研究。对于大型复杂项目，需要进行辅助性专题研究的课题，提前进行论证分析并得出明确的结论，初步可行性研究的工作精度一般介于机会研究与（最终）可行性研究之间。

我国的基本建设程序中，将机会研究的全部工作内容及部分初步可行性研究的工作内容纳入项目建议书阶段。在调研基础上初步确定应上什么项目，宏观上阐明项目建设的必要性、可行性，向决策部门提供建议，推荐项目。

4.2 可行性研究的方法

在项目建议书被有关部门批准以后，建设单位即可着手组织对建设项目进行可行性研究，主要方法如下。

4.2.1 选定项目研究委托单位

（1）委托专业设计单位承担。专业技术性较强的建设项目，一般可委托国家批准的具有相应研究资格的大、中型设计单位来承担。

（2）委托工程咨询公司承担。工程咨询公司是近年来随我国经济技术改革不断深化，为适应基本建设形势和投资环境要求而建立起来的专门从事工程项目建设过程中专业技术咨询、管理和服务的机构。以承担民用建筑和一般性工业建设项目的技术咨询为主。在委托工程咨询公司承担可行性研究时，建设单位必须对其能力、包括专业技术人员的构成、承担研究项目的能力、主要承担完成的研究项目及准确性等进行充分的调查。

（3）委托专业银行承担。各种专业银行在基本建设和技术改造贷款项目的管理中，积累了一定的项目可行性研究经验，也是承担项目可行性研究可供选择的单位。

4.2.2 确定研究内容

在选定了承担项目研究单位之后，要将项目可行性研究的内容按有关要求确定下来，作为项目研究委托协议的主要内容。可行性研究的基本内容一般包括如下方面。

（1）根据经济预测、市场预测确定的建设规模和生产方案。

（2）资源、原材料、燃料、动力、供水、运输条件。

（3）建厂条件和厂址方案。

（4）技术工艺主要设备选型和相应的技术经济指标。

（5）主要单项工程、公用辅助设施、配套工程。

（6）环境保护、城市规划、防震、防洪等要求和相应的措施方案。

（7）企业组织、劳动定员和管理制度。

（8）建设进度和工期。

（9）投资估算和资金筹措。

（10）经济效益和社会效益。

4.2.3 签订委托可行性研究协议

建设单位在选择委托研究单位并确定委托研究的内容以后，应当与承担可行性研究的单位签订委托协议。

4.3 市场分析与市场调查

4.3.1 市场分析的概念与作用

市场分析是指通过必要的市场调查和市场预测，对项目产品（或服务）的市场环境、竞争能力和对手进行分析和判断，进而分析和判断项目（或服务）在可预见时间内是否有市场，以及采取怎样的策略实现项目目标。

由于在不同的可行性研究阶段，研究深度不同，同时不同性质的项目有不同的市场，所以，不同条件下的市场分析的程度或深度也是不一样的。

市场调查之所以重要，是因为它具有以下几个方面的作用（或功能）。

（1）有助于寻求和发现市场需要的新产品。

（2）可以发掘新产品和现有产品的新用途。

（3）可以发现新的需求市场和需求量。

（4）可以发现用户和竞争者的新动向。

（5）可以预测市场的增减量。

（6）是确定销售策略的依据。

4.3.2 市场调查的基本内容

由于出发点和目的不同，市场调查的内容、范围也有所差别。从市场需求预测的要求来看，主要有产品需求调查，销售调查和竞争调查 3 大方面。

产品需求调查，主要是了解市场上需要什么产品，需要量多大，对产品有什么新的要求或需求；销售调查就是通过对销路、购买行为和购买力的了解，达到了解谁需要，为什么需要的目的。主要包括产品销路调查、购买行为调查和购买力调查等；竞争调查是企业产品综合竞争能力的调查。其内容涉及生产、质量、价格、功能、经营、销售、服务等多方面。

以上所给出的 3 大方面的调查，其内容是相互联系和相互交叉的。事实上，生产资料市场和消费资料市场是很难截然分开的，因此，往往需要同时进行，并加以对比分析和研究。

4.3.3 市场调查的程序

1. 制订调查计划

市场调查是一项费时费力的工作。因此，必须有针对性地进行特定问题的调查，并根据所要调查的问题，明确调查目的、对象、范围、方法、进度、分工等，这是市场调查的第一步。其基本要点包括以下几点。

（1）明确调查目的和目标。一般来讲，市场调查的起因都源于一些不明确或把握不准的问题。当已掌握了一些基本情况，但这些情况只能提供方向性的启示，还不足以说明问题时，就需进行市场调查。例如，某产品的销售额或销售量下降，但尚难明确是产品质量的原因，还是产品价格的原因，或者是出了新的替代品。这时，就应该通过初步的调查分析，明确产品销售量下降的具体原因。然后据此制订调查的详细计划，明确调查的目的、主题和目标。一般情况下，调查的问题不能过多，最好确定一两个主要问题进行重点调查，否则，调查的效果就会受到影响。

（2）确定调查对象和范围。在明确了调查的方向、目的和目标后，就要根据所需调查的主要问题，确定和选择具体的范围和对象。所谓明确调查范围，就是根据调查对象的分布特点，确定是全面调查还是抽样调查；如果采用抽样调查，如何抽样等。

（3）选择调查方法。市场调查的方法很多，每种方法都有其各自的优缺点。因此，必须根据调查的内容和要求来选择合适的调查方法。

（4）设计调查数据表。市场调查的内容和要求决定了市场调查的各类问题。对各类问题的调查结果，都要设计出数据表格，需要进行汇总的，还要设计汇总表格。对于一些原始答案或数据，不应在加以分类和统计后就弃之不用。这些第一手资料数据往往十分重要，从不同的角度去观察它，可能得出不同的结论。因此，这些资料数据应出现在分类统计表中。同样，分类统计表中的资料数据也应出现在汇总表中。

（5）明确调查进度和分工。一般的市场调查，都要在允许的时间范围内完成。因此，根据调查目的、对象、范围和要求，确定调查的时间安排和人员分工，是一项十分重要的工作。市场调查不可能由一个人全部承担，一般是多人分工协作进行。这样有利于节约时间，或者说，有利于缩短市场调查的总体时间。

2. 收集情报资料

一般而言，情报的来源有两种，一是已有的各种统计资料出版物，二是现时发生的情况。

（1）已有情报资料的收集。利用已有的各种情报资料，是市场调查工作中节约时间和费用的一步，也是极为重要的一步。一般有以下几种可以利用的情报源：一是政府统计部门公布的各种统计资料，包括宏观的、中观的和微观的 3 种；二是行业和行业学会出版的资料汇编和调研报告等；三是一些大型的工具类图书，如年鉴、手册、百科全书等；四是杂志、报纸、广告和产品目录等出版物。

（2）实际情况的收集。对于一些市场变化迅速的行业和企业，将历史统计资料作为市场调查的依据往往是不准确的。有些历史资料是不充分的，有的甚至是残缺不全的。而实际发生的情况通常正是我们更需要，更现实、更可取和更有说服力的依据。此外，一些保密性极强的资料和数据是不可能在出版物中找到的，所以，对实际情况的搜集必不可少，具体方法可参考本章市场调查方法部分内容。

（3）分析处理情报资料。由于统计口径、目的和方法的不同，收集到的情报资料有时可能出现较大误差，甚至互相矛盾的现象。造成这一现象的原因是多方面的，一种情况是调查问题含糊不清造成回答者的理解错误，从而出现答案的错误；另一种情况是问题比较清楚而回答者理解有误，从而出现错误的答案。还有可能是回答者有意作出的歪曲回答，或是不正确和不确切的解释和联想，造成了答案的偏差。因此，市场调查所得的资料数据必须经过分析和处理，并正确地作出解释，其主要过程如下。

1）比较、鉴别资料数据。比较和鉴别资料数据的可靠性和真实性，无论对历史统计资料，还是对实际调查资料，都是必须进行的工作。这是因为调查资料的真实性和可靠性，将直接导致市场调查结论的准确性和可取性，进而影响到决策的成败。

2) 归纳处理资料数据。在进行了资料数据可取性和准确性的鉴别，并剔除不真实和矛盾的资料数据之后，就要利用适宜的方法进行数据分类处理，制作统计分析图表。需要由计算机进行处理的还应进行分类编号，以便于计算和处理。

3) 分析、解释调查结论。在资料数据整理成表后，还要进行分析和研究，写出有依据、有分析、有结论的调查报告。

4) 编写调查报告。这是市场调查的最后一步，编写调查报告应简明扼要，重点突出，内容充实，分析客观，结论明确，其内容包括下述 3 个方面。

a. 总论。总论中应详细而准确地说明市场调查的目的、对象、范围和方法。

b. 结论。结论部分是调查报告的重点内容，应描述市场调查的结论，并对其进行论据充足、观点明确而客观的说明和解释，以及建议。

c. 附件。附件部分包括市场调查所得到的图、表及参考文献。至此，一个完整的市场调查便宣告结束。

4.3.4　市场调查的方法

市场调查的方法较多，从可行性研究的需求预测的角度来看有资料分析法、直接调查法和抽样分析法 3 大类。

1. 资料分析法

资料分析法是对已有的情报资料和数据进行归纳、整理和分析，来确定市场动态和发展趋向的方法。市场调查人员平时应注意对与自己工作关系密切的各种情报资料进行日积月累的收集。在市场调查的目的和主题确定后，就可以对现有资料进行分类、归类和挑选，针对市场调查的目标和要求，给出分析和研究的结论。

如平时没有积累有关资料，在明确市场调查主题后，可以通过情报资料的检索来查找所需的各种情报资料，包括政府部门的统计资料、年鉴、数据手册、期刊、产品资料、报纸、广告和新闻稿等。

资料分析法的优点是省时、省力。缺点是多数资料都是第二手或第三手的，其准确性也不好判断。如果可供分析用的资料数据缺乏完整性和齐全性，则分析结论的准确性和可靠性将会降低。

2. 直接调查法

直接调查法是调查者通过一定的形式向被调查者提问，来获取第一手资料的方法。常用的方法有电话查询、实地访谈和邮件调查 3 种方法。

(1) 电话查询。电话查询是借助电话直接向使用者或有关单位和个人进行调查的方法。这种方法的优点首先是迅速，节省时间，对于急需得到的资料或信息来讲，这种方法最简单易行，其次，这种方法在经济上较合算，电话费较之其他调查所需费用是便宜的。此外，这种方法易于为被调查者接受，避免调查者与被调查者直面相对。但是，这种方法的缺点也是比较明确的：

1) 被调查者必须是有电话的人。

2) 跨越省区较大时，长途传呼容易出现找人不在或交谈困难（如电话杂音过大）的现象。

3) 直接提问直接回答，容易使被调查者在考虑时间有限的情况下，对问题作出不太确切或模棱两可的回答。

所以，使用这种方法应注意以下几个原则：①所提的问题应明确清楚；②对于较为复杂的问题，应预先告之谈话内容，约好谈话时间；③要对被调查者有深入的了解，根据其个性等特征确定适宜的谈话技巧。

（2）实地访谈。实地访谈就是通过采访、讨论、咨询和参加专题会议等形式进行调查的方法。

这种方法的最大优点是灵活性和适应性较强。由于调查者和被调查者直接见面，在谈话时可以观察和了解被调查者的心理活动和状态，确定适宜的谈话角度和提问方式。同时，还可以对被调查者的回答进行归纳整理，明确其答案的要点，或从中获取到其他信息。这种方法的另一个优点是可以一次或多次反复地进行探讨，直至问题清晰明了为止。这就为调查者把握调查的方向和主题创造了良好条件。一般来讲，这种方法适用于市场调查的所有内容，但是，如果调查对象较多、范围较大，其费用和时间支出也较大，而且，这种调查的效果直接取决于市场调查人员的能力、经验和素质。

在使用这种方法进行市场调查时，应注意以下几点：①明确市场调查的时间要求；②根据市场调查费用选定调查对象和范围；③选择好能够胜任该项工作的市场调查人员。

（3）邮件调查。邮件调查包括邮寄信函或以电子邮件的方式发出调查表进行调查的方法。调查表的设计和提问可根据调查目的和主题确定。调查所提问题的内容应明确具体，并力求简短。提问的次序应遵循先易后难、先浅后深和先宽后窄的原则。

邮件调查的最大缺点是回收率低，而且调查项问题回答可能不全。此外，对于一些较复杂的问题，无法断定回答者是否真正理解，以及回答这一问题时的动机和态度。但是，由于邮件调查费用较低、调查范围广且调查范围可大可小，尤其是能给被调查者充分的思考时间，所以，这种方法也是市场调查中常用的方法之一。

3．抽样分析法

抽样分析法是根据数理统计原理和概率分析进行抽样分析的方法，包括随机抽样分析法、标准抽样分析法和分项抽样分析法 3 种。

（1）随机抽样分析法。这种方法就是对全部调查对象的任意部分进行抽取，然后根据抽取部分的结果去推断整体比例。

（2）标准抽样分析法。随机抽样分析法的缺点，在于没有考虑到所抽样本的代表性。对于样本个体差别较大的调查来讲，其结果可能出现较大的偏差，为弥补随机抽样分析法的这一缺点，可以采用标准抽样分析法，即在全体调查对象中，选取若干个具有代表性的个体进行调查分析。其分析计算过程和方法与随机抽样分析法相同，不同之处是这种方法首先设立了样本标准，不像随机抽样那样任意选取样本，其结果较随机抽样更具代表性和普遍性。难点在于选取标准样本。

（3）分项抽样分析法。分项抽样分析法是把全体调查对象按划定的项目分成若干组，通过对各组进行抽样分析后，再综合起来反映全体。分组时可按地区、职业、收入水平等各种标准进行。具体的划分标准应根据实际调查的要求和需要来确定。这种抽样分析方法同时具有随机抽样和标准抽样分析法的优点，是一种比较普通和常用的分析方法。

资料分析法、直接调查法和抽样分析法各有其优缺点，一般来讲，如果有条件的话，这些方法应结合使用，这样才有利于达到市场调查的准确性和实用性。

4.4　市场预测方法

4.4.1　市场预测的分类与程序

市场预测的方法种类很多，各有其优缺点。从总体上说，有定性预测和定量预测两大类。可行性研究中主要是预测需求，说明拟建项目的必要性，并为确定拟建规模和服务周期等提供依据。

按照预测的长短，可以分为短期预测（1 年内）、中期预测（2～5 年）和长期预测（5 年以上）。

无论是定性预测还是定量预测，都可能存在难以预计因素影响预测工作的准确性。所以预测工作应当遵守一定科学的预测程序：

（1）确定预测目标，如市场需求量等。

（2）调查研究，收集资料与数据。

（3）选择预测方法。

（4）计算预测结果。

（5）分析预测误差，改进预测模型。

4.4.2　市场预测的常用方法

现将几种市场预测的常用方法介绍如下。

1. 德尔菲法（Delphi）

（1）德尔菲法的由来与发展。德尔菲是 Delphi 的译称。德尔菲是古希腊的都城，即阿波罗神庙的所在地。美国兰德公司在 20 世纪 50 年代初研究如何使专家预测更为准确和可靠时，是以德尔菲为代号的，德尔菲法由此得名。

一般来讲，预测是以客观历史和现实数据为依据的，但是，在缺少历史数据的情况下，唯一可供选择的预测方法就是征询专家的意见，尤其是预测一些崭新的科学技术，是很难根据资料数据来进行的。征询专家意见，客观上存在一个如何征询的问题。首先是专家的数量问题。是征询几个专家的意见还是征询几十个专家的意见，是征询近百个专家的意见还是征询几百个专家的意见。从德尔菲预测的实际经验看，一般是数十人至 100 人较佳，有的可达到 200 人左右。实际数量的选择，应根据具体预测问题，选定对此问题具有专长的专家。其次，是对专家进行征询的方式问题。最初的专家征询通常采用召开专家会议的方式来进行。这种方法存在明显的缺点，主要有以下 4 个方面。

1）能够及时参加专家会议的人数毕竟是有限的，因此，专家意见的代表性不充分。

2）集体意见往往会对个人观点形成压力，其结果是，一方面，即使多数意见是错误的，也迫使少数人屈从于压力而放弃自己的观点；另一方面，常常使持少数意见的专家因各种因素自动放弃陈述其意见的权利。

3）权威性人物的影响过大。权威性人物一发表意见和看法，容易使其他人随波逐流，或者使其他人因其他因素放弃发表不同看法和意见。

4）由于自尊心等因素的作用，容易促使一些专家在公开发表意见后，明知自己的观点有误而不愿公开承认和作出修改。

（2）德尔菲法的特点。德尔菲方法就是针对专家会议这些主要缺点而采用的一种专家预测方法，其特点如下。

1）以不具名的调查表形式向专家征询意见，避免了专家与专家之间的面对面接触和观点的撞击，消除了专家之间的各种不良影响。

2）不断进行有控制的反馈。预测组织者通过对专家答复的统计，使集体意见的赞成观点相反的意见变成对预测问题进行说明的信息，并将其返回到每个专家的手中，然后对群体意见进行评述，这就使专家意见征询工作始终按照组织者的预定目标进行。

3）进行统计处理。德尔菲法对专家意见进行统计回归处理，并用大多数专家的意见反映预测的结果。

（3）德尔菲法的预测步骤。德尔菲法的预测程序一般包括确定征询课题、选定专家、实际征询和征询结果的处理。

1）确定征询课题。征询课题调查表的提问要准确明晰，所问问题的解答只能有一种含义，否则，会造成专家的理解不一而形成答非所问的现象。当然这种要求并不排除让专家自由发表意见和提出建议的提问方式。

2）选定专家。一般来讲，德尔菲法的征询对象——专家的选择，应以对征询课题熟悉为原则。他应对该征询课题最了解，知道得最多。

3）实际征询。德尔菲法的征询一般分为 4 轮。第一轮的征询表问题设计可以适当放宽，给专家们留出一定的自由度，以便让他们尽其所能地发表对征询课题的意见和建议，从而使征询组织者从中得到意外的收获。第二轮，将第一轮的结果进行归纳分类，删去次要问题，明确主要问题，并判定相应的问题征询表，要求专家围绕既定的主题发表意见和看法。第三轮，进行回答结果的统计，给出大多数专家的意见统计值，并连同相应的资料和说明材料一起返回给各个专家，允许其提出对多数意见的反对理由，或者进行新的预测。第四轮，根据专家预测结果的实际情况，或要求专家回答修正原预测的理由；或要求专家回答其少数者意见的依据；或要求专家对第三轮的论点加以评价。

当然，以上轮次是就一般情况而言的，如果在任何一个轮次中得到了相当一致的征询结论，那么，就可以取消以下轮次的征询。

4）对征询结果进行统计处理。专家征询的结果，一般采用上下四分位数的统计评估，以中位数为预测结论。如对其产品增长量预测，有 25% 的专家认为只能增长 10% 以下，有 25% 的专家认为可能增长 60% 以上，而 50% 的专家认为将增至 30%～40%。这样，增长 30%～40% 就是中位数，而 10% 以下和 60% 以上则为上、下四分位数。预测结果即为中位数的预测增长量。

2. 年平均增长率法

年平均增长率法是一种极为简单而常用的需求预测方法，适用于历史资料数据较全，且变化比较稳定的需求量预测。其优点是方便且迅速。缺点是比较笼统和粗略。

相关概念有以下两点。

（1）年增长率 R_0。

所谓年增长率是指计算年的增长量与基准量的比值，用公式表示为

$$R_0 = \frac{(Y - Y_0)}{Y_0}$$

整理得
$$R_0 = \frac{Y}{Y_0} - 1 \tag{4.1}$$

式中　R_0——年增长率；

　　　Y——计算年的实际发生量；

　　　Y_0——计算年的前一年，即基准年的实际发生量。

（2）年平均增长率 R。若假设 n 年间的逐年平均增长率为 R，则有
$$Y = Y_0(1 + R) \tag{4.2}$$

第 n 年的发生量则为：
$$Y_n = Y_0(1 + R)^{n-1} \tag{4.3}$$

$$R = \left(\frac{Y_n}{Y_0}\right)^{\frac{1}{n-1}} - 1 \tag{4.4}$$

式中　Y_i、Y_0——统计数据中的终年和首年（基准年）的实际发生量；

　　　n——统计终止年份。

下面通过一个实例，介绍该方法的计算和注意事项。

【例 4.1】某产品历年需求量的发生值如表 4.2 所示，试求 2006 年的需求量。

表 4.2　　　　　　　　　　　某产品历年的需求量　　　　　　　　　　　单位：t

年　份	1988	1989	1990	1991	1992	1993	1994	1995	1996	1997	1998	1999
需求量	380	425	470	510	600	540	590	625	670	715	740	785

【解】设 12 年间的逐年平均增长率为 R，$n = 12$，$Y_n = 785$，$Y_0 = 380$

$$R = \left(\frac{Y_n}{Y_0}\right)^{\frac{1}{n-1}} - 1 = \left(\frac{785}{380}\right)^{\frac{1}{12-1}} - 1 = 6.8\%$$

据此，计算 2006 年的需求量。此时，式中的基准年发生量 $Y_0 = 785$，即 1999 年的发生量，n 从 1999 年起至 2006 年止为 8 年，Y_t 即为所求的 2006 年 n 待求量，即：

$$Y_{2006} = Y_{1999}(1 + 0.068)^{8-1} = 1244.1(\text{t})$$

式中的 $n-1$ 也可直接转换为预测年与基准年的年份之差，即 $n-1 = 2006 - 1999 = 7$（年）。

在本例中可以看到，在 1992 年和 1993 年之间，实际需求量产生了数值上的波动，也就是说，12 年间的前 5 年，其平均增长率为 9.6%，12 年间的后 7 年，其平均增长率为 6.4%，两个区段内的平均增长率是不同的。所以，为使预测结果更符合实际情况，应加重近期 7 年的权数，即将 6.4% 与 6.8% 再取平均值，得 $R = 6.6\%$，带入得：

$$Y_{2006} = Y_{1999}(1 + 0.066)^{8-1} = 1232.0(\text{t})$$

3. 回归预测法

回归预测法是根据历史资料和调查数据，通过确定自变量与因变量之间的函数关系，以历史和现状去推测未来变化趋势的数学方法。

（1）一元线性回归。一元线性回归方法适用于资料数据比较系统完整的线性关系问题的分析，所谓"一元"是指因变量 Y 只与一个自变量 x 具有函数关系，即：

$$Y = a + bx \qquad (4.5)$$

式中 Y——因变量（随 x 的变化而变化的量）；

　　　x——自变量；

　　a、b——回归系数。

通常情况下，需求预测资料都是按时间顺序排列的统计数据，这些数据是散布在平面直角坐标系上的数据点（x_i，Y_i）。所有这些数据点大致分布在一条直线的两侧，显然，这样的直线具有数学意义上的"无数条"，其中肯定有一条对所有数据点来讲都最为合适的直线。根据高等数学原理可知，这条直线就是"离差平方和最小"的直线。

假设该直线的方程式为：

$$y = a + bx$$

式中 y——预测值因变量；

　　　x——自变量；

　　　a——直线在纵轴上的截距；

　　　b——直线的斜率。

a 与 b 称为回归系数。

实际值 y_i 与利用直线方程求出的因变量 $y_i = a + bx_i$ 有一偏差。

$$\delta_i = y_i - \dot{y}_i = y_i - (a + bx_i)$$

根据最小二乘法原理，当所有数据点偏差的平方和为最小时，该直线是数据点的最优数学模型，根据这个条件可以求出回归系数 a 与 b。

$$Q = \sum_{i=1}^{n} \delta_i^2 = \sum (y_i - \dot{y}_i)^2 = \sum [y_i - (a + bx_i)]^2$$

分别求出 Q 对 a 与 b 的偏导数，并令其等于零，得：

$$\frac{\partial Q}{\partial a} = -2 \sum (y_i - a - bx_i) = 0$$

$$\frac{\partial Q}{\partial b} = -2 \sum x_i (y_i - a - bx_i) = 0$$

整理为

$$\sum y_i - na - b \sum x_i = 0$$

$$\sum x_i y_i - a \sum x_i - b \sum x_i^2 = 0$$

设

$$\bar{x} = \frac{1}{n} \sum x_i \qquad\qquad \bar{y} = \frac{1}{n} \sum y_i$$

求得

$$b = \frac{\sum x_i y_i - \bar{x} \sum y_i}{\sum x_i^2 - \bar{x} \sum x_i} \qquad (4.6)$$

$$a = \bar{y} - b\bar{x} \qquad (4.7)$$

【例 4.2】已知某产品历年消费统计资料如表 4.3 所示，试预测 2004 年的需求量。

表 4.3　　　　　　　　　　　　　**某产品历年的消费统计**　　　　　　　　　　　单位：吨

年　份	1990	1991	1992	1993	1994	1995	1996
消费量	4.0	5.1	5.9	7.0	7.8	9.0	9.9

【解】 解题的思路是根据式（4.5）预测 2004 年的需求量 y，但需要确定 a 和 b 的数值。根据式（4.6）和式（4.7）可计算出 a 和 b 值，式中 $\bar{x}$、$\bar{y}$ 和 n 均为已知数，所以，可由此出发进行计算。

在进行时间序列类的计算时，可适当设定 x 的值，使 $\sum x_i = 0$。本例中，设 1993 年的时间为 0，则 1992 年、1991 年和 1990 年的 x_i 值分别为 -1，-2 和 -3，则 1994 年、1995 年和 1996 年的 x_i 值分别 1，2 和 3。所以

$$\sum x_i = (-3) + (-2) + (-1) + 0 + 1 + 2 + 3 = 0$$

$$\sum y_i = 4.0 + 5.1 + 5.9 + 7.0 + 7.8 + 9.0 + 9.9 = 48.7$$

$$\sum x_i^2 = (-3)^2 + (-2)^2 + (-1)^2 + 0^2 + 1^2 + 2^2 + 3^2 = 28$$

$$\sum x_i y_i = -3 \times 4.0 - 2 \times 5.1 - 3 \times 5.9 + 0 \times 7.0 + 1 \times 7.8 + 2 \times 9.0 + 3 \times 9.9$$
$$= 27.4$$

由于 $n = 7$

$$\bar{x} = \frac{\sum x_i}{n} = \frac{0}{7} = 0$$

可得：
$$b = \frac{\sum x_i \cdot y_i - \bar{x} \sum y_i}{\sum x_i^2 - \bar{x} \sum x_i} = \frac{(27.4 - 0 \times 48.7)}{(28 - 0 \times 0)} = 0.98$$

$$a = y - b\bar{x} = 6.96 - 0.98 \times 0 = 6.96$$

将 $a = 6.96$，$b = 0.98$，$x_i = 11$ 代入式中，可得：

$$Y_{2004} = 6.96 + 0.98 \times 11 = 17.7 \text{(t)}$$

（2）多元线性回归。

（3）非线性回归。

4. 平滑预测法

平滑预测法是适用于短期和中期预测的一种时间序列分析方法。平滑预测方法并不像回归预测方法那样，采用简单的平均数进行数据处理。它是在假定过去和现在的变化特征可以代表未来，并在排除外界随机因素干扰的前提下，通过移动平均的方法来推判未来发展趋势。对于增长率变化趋势很大的产品，不能用这种方法进行需求预测。

平滑预测法分为移动平均法和指数滑动法两种，现分别介绍如下：

（1）移动平均法（也称滑行平均预测法）。假定以几个时间单位为计算周期，则可由近及远取 N 个时间序列的数据计算，设 X_i 为最近的时间序列数据，依次向前取，则为 X_{i-1}，X_{i-2}，$\cdots$，X_{i-n+2}，X_{i-n+1}，下一时间单位的预测值公式为：

$$M_{i+1} = \frac{(X_{i-1} + X_{i-2} + \cdots + X_{i-n+2} + X_{i-n+1})}{N} \tag{4.8}$$

式中　M_{i+1}——下一时间单位的预测值；

N——一个时间周期的时间单位数。

【例 4.3】某企业产品的各年销售数据如表 4.4 所示，当 $N=3$ 及 $N=4$ 时，各年预测值见表 4.4（4）、（5）栏。

表 4.4 　　　　　　　　　　　　　　　某企业产品的各年销售数据

年　　份	时间序列/年	实际销售量 X_i/万元	M_{i+1}，$N=3$	M_{i+1}，$N=4$
（1）	（2）	（3）	（4）	（5）
2000	1	4.70		
2001	2	4.50		
2002	3	4.90		
2003	4	5.10	4.70	
2004	5	5.00	4.83	4.80
2005	6	5.30	5.00	4.88
2006	7	5.70	5.13	5.08
2007	8		5.30	5.28

例如，当 $N=4$ 时，预测 2007 年的销售额 $M_8=M_{i+1}$，$i=7$。

$$M_8 = M_{i+1} = (X_7 + X_6 + X_5 + X_4)/4$$
$$= (5.70 + 5.30 + 5.00 + 5.10)/4 = 5.28(万元)$$

如已知上时间的预测值 M_i，也可用下列公式计算 M_{i+1}。

$$M_{i+1} = M_i + (X_i - X_{i-n})/N$$

$$M_8 = M_7 + (X_7 - X_3)/4 = 5.08 + (5.70 - 4.90)/4 = 5.28(万元)$$

对于时间单位数 N 的取值应视问题实际情况适当地选取。如预测值只与近期数据关系较大时，N 宜取小值，否则可取大些。

（2）指数滑动法。上述移动平均法使用算术平均值预测，认为过去不同时间序列的数据对预测值具有相同影响，这种假设是不尽合理的，指数滑动法将时间序列的数据各乘一个不同值的影响系数，相当于不同权重，则有：

$$M_{i+1} = a_0 x_i + a_1 x_{i-1} + a_2 x_{i-2} + \cdots + a_j x_{i-j} - + \cdots$$

其中，$a_j \geqslant 0$ 且 $\sum\limits_{j=0}^{\infty} a_j = 1$

如令 　　　　$a_0 = a, a_j = a + a(1-a) + a(1-a)^2 + \cdots = a\dfrac{1}{a} = 1$

这样预测值 　　　$M_{i+1} = a x_i + a(1-a) x_{i-1} + a(1-a) x_{i-2} + \cdots$

$$= a x_i + (1-a) M_i \tag{4.9}$$

式中　a——平滑指数，$0 \leqslant a \leqslant 1$。

可见平滑指数 a 是上一时间单位的实际值与预测值的分配比值。当 a 增大时，下一时间单位的预测值接近上一时间单位的实际值；当 a 减小时，下一时间单位的预测值接近上一时间单位的预测值。所以，当近期数据影响较大时，a 值应相对取大，否则可相对取小。

所以，指数滑动法既考虑到了近期数据作用，又兼顾了远期数据的影响。

【例 4.4】 用指数滑动法计算上例各时间序列预测值。

【解】 设 $a=0.8$，因第 1 年无预测值，为计算方便取其实际值。

则第 2 年预测值 $M_2=ax_1+(1-a)M_1=4.70$

第 3 年预测值 $M_3=ax_2+(1-a)M_2=0.8\times4.50+0.2\times4.70=4.54$

同理可计算各年预测值，计算结果如表 4.5 所示。

表 4.5　　　　　　　　　　　　　各年的预测值计算结果

年　份	时间序列/年	实际销售量 X_i/万元	M_{i+1}，$a=0.8$
（1）	（2）	（3）	（4）
2000	1	4.70	4.70
2001	2	4.50	4.70
2002	3	4.90	4.54
2003	4	5.10	4.83
2004	5	5.00	5.05
2005	6	5.30	5.01
2006	7	5.70	5.24
2007	8		5.61

习　　题

1. 可行性研究作用是什么？其基本内容有哪些？

2. 市场调查的基本程序和方法是什么？

3. 简述项目可行性研究的环节。

4. 某公司 A 商品销售量近 6 个月资料见表 4.6，请用一次指数平滑法预测第 7 期 A 商品销售量。

表 4.6　　　　　　　　　　　　某公司 A 商品销售量近 6 个月资料

序　号	观　察　期 n	销售量 Y_t/万件
1	1	10.6
2	2	10.8
3	3	11.1
4	4	10.4
5	5	11.2
6	6	12.0
合计		66.1

第 5 章　工程项目不确定性经济分析

【学习目标】
　　本章要求学生理解不确定性分析的不确定性和风险的原因和相关计算方法，掌握不确定性分析中盈亏平衡分析的基本原理和敏感性分析的计算方法，熟悉概率分析方法在工程项目经济分析中的应用。

5.1　风险与不确定性

　　工程项目不确定性和风险因素在未来的变化就构成了项目决策过程的不确定性。工程经济分析中不确定性分析的基本方法包括盈亏平衡分析、敏感性分析和概率分析等，工程经济分析人员应善于根据各项目的特点及客观情况变化的特点，抓住关键因素，正确判断，提高分析水平。

　　不确定性和风险各方案技术经济变量（如投资、成本、产量、价格等），受政治、文化、社会因素，经济环境，资源与市场条件，技术发展情况等因素的影响，而这些因素是随着时间、地点、条件改变而不断变化的，这些不确定性因素在未来的变化就构成了项目决策过程的不确定性。同时项目经济评价所采用的数据一般都带有不确定性，加上主观预测能力的局限性，对这些技术经济变量的估算与预测不可避免地会有误差，从而使投资方案经济效果的预期值与实际值可能会出现偏差。这种情况通称为工程项目的风险与不确定性。

　　1. 不确定性与风险产生的原因
　　产生不确定性与风险的原因主要有主观和客观两个方面。
　　（1）不确定性与风险产生的主观原因。
　　1）信息的不完全性与不充分性。
　　2）人的有限理性等。
　　（2）不确定性与风险产生的客观原因。
　　1）市场供求变化的影响。
　　2）技术变化的影响。
　　3）经济环境变化的影响。
　　4）社会、政策、法律、文化等方面的影响。
　　5）自然条件和资源方面的影响等。
　　2. 不确定性与风险的区分
　　美国经济学家奈特认为风险是"可测定的不确定性"而"不可测定的不确定性"才是真正意义上的不确定性。工程项目风险分析就是分析工程项目在其环境中的寿命期内自然存在导致经济损失的变化，而工程项目不确定性分析就是对项目风险大小的分析，即分析工程项目在其存在的时空内自然存在的导致经济损失变化的可能性及其变化程度。

从理论上讲，风险是指由于随机原因引起的项目总体的实际价值对预期价值之间的差异。风险是与出现不利结果的概率相关联的，出现不利结果的概率（可能性）越大，风险也就越大。而不确定性是指以下两方面。

（1）对项目有关的因素或未来的情况缺乏足够的情报而无法做出正确的估计。

（2）没有全面考虑所有因素而造成的预期价值与实际价值之间的差异。

所以，从理论上可以区分风险与不确定性，但从项目经济评价角度来看，试图将它们绝对分开没有多大意义，实际上也无必要。

风险与不确定性管理成为工程项目管理的一个重要内容。风险与不确定性分析是项目风险管理的前提与基础。通过分析方案各个技术经济变量（不确定性因素）的变化对投资方案经济效益的影响（还应进一步研究外部条件变化如何影响这些变量），分析投资方案对各种不确定性因素变化的承受能力，进一步确认项目在财务和经济上的可靠性，这个过程称为风险与不确定性分析。这一步骤作为工程项目财务分析与国民经济分析的必要补充，有助于加强项目风险管理与控制，避免在变化面前束手无策。同时，在风险与不确定性分析基础上做出的决策，可在一定程度上避免决策失误导致的巨大损失，有助于决策的科学化。

工程经济分析人员应善于根据各项目的特点及客观情况变化的特点，抓住关键因素，正确判断，提高分析水平。工程经济分析中不确定性分析的基本方法包括盈亏平衡分析、敏感性分析和概率分析。盈亏平衡分析只用于财务效益分析，敏感性分析和概率分析可同时用于财务效益分析和国民经济效益分析。

5.2　盈亏平衡分析

盈亏平衡是指当年的销售收入扣除销售税金及附加后等于其总成本费用，在这种情况下，项目的经营结果既无盈利又无亏损。盈亏平衡分析是通过计算盈亏平衡点 BEP（Break－Even Point）处的产量或生产能力利用率，分析拟建项目成本与收益的平衡关系，判断拟建项目适应市场变化的能力和风险大小的一种分析方法。所以，盈亏平衡分析也称量本利分析。盈亏平衡点是项目盈利与亏损的分界点，它标志着项目不盈不亏的生产经营临界水平，反映在一定的生产经营水平时工程项目的收益与成本的平衡关系。

对于盈亏平衡分析模型而言，按成本、销售收入和产量之间是否成线性关系可分为线性盈亏平衡分析和非线性盈亏平衡分析。

1. 线性盈亏平衡分析

线性盈亏平衡分析一般基于以下 3 个假设条件来进行。

（1）产品的产量与销售量是一致的。

（2）单位产品的价格保持不变。

（3）成本分为可变成本与固定成本，其中可变成本与产量成正比，固定成本与产量无关，保持不变。

此时，产品的产量（Q）、固定成本（C_F）、可变成本（C_V）、销售收入（S）、利润（E）之间的关系如图 5.1 所示。

由图 5.1 可见：总成本为

$$C = C_F + C_V Q \tag{5.1}$$

销售收入 $S =$（单价 $P -$ 单位产品税金 t）Q

$$\tag{5.2}$$

当（$P-t$）一定时，S 随 Q 的增加成比例增加，即呈线性变化；

当（$P-t$）不定时，S 不单只取决于 Q，还要考虑（$P-t$），这时呈非线性变化。

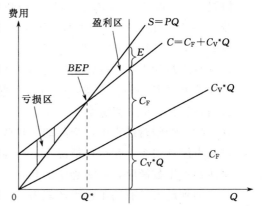

图 5.1 产品产量、固定成本、可变成本、销售收入、利润间的关系
（$C_V{}^*$ 表示盈亏平衡时的单位可变成本）

利润 $\quad E = S - C = (P-t)Q - (C_F + C_V Q) = (P-t-C_V)Q - C_F \tag{5.3}$

此时对应产量 $\qquad Q = \dfrac{(E + C_F)}{(P - t - C_V)} \tag{5.4}$

在盈亏平衡点 BEP 处，$Q = Q^*$（盈亏平衡产量），项目处于不盈不亏的状态，也即是项目的收益与成本相等，$S = C$，$E = S - C = 0$

$$Q = Q^* = \frac{C_F}{(P - t - C_V)} \tag{5.5}$$

盈亏平衡点（BEP）除经常用产量表示外，可以用生产能力利用率 f，单位产品价格 P 等指标表示如下：

$$F^* = \frac{Q^*}{Q_0} \times 100\% \tag{5.6}$$

式中 $\quad Q_0$——设计生产能力。

$$P^*（单位产品价格）= \frac{F^*}{Q_0} + V + t \tag{5.7}$$

所以，Q^* 值越小越好，同样 F^* 越小越好，说明工程项目抗风险能力越强，亏损的可能性越小。

【例 5.1】 某企业拟新建一个工厂，拟定了 A、B、C 3 个不同方案。经过对各方案进行的分析预测，3 个方案的成本结构数据如表 5.1 所示。若预料市场未来需求量在 15000 件左右，试选择最优方案。

表 5.1　　　　　　　　　　　方案 A、B、C 的成本结构数据表

方案 成本	A	B	C
$C_F/$（万元/年）	30	50	70
$C_V/$（元/件）	40	20	10

【解】 $C_A = 300000 + 40Q$　　$C_B = 500000 + 20Q$　　$C_C = 700000 + 30Q$

令 $C_A = C_B$，即 $300000 + 40Q = 500000 + 20Q$，$Q_A = 10000$ 件

令 $C_B = C_C$，即 $500000 + 20Q = 700000 + 10Q$，$Q_B = 20000$ 件

而预测产量为 15000 件，则应选 AB 线段之间，即 C_B 的线段。

故应选方案 B 为最优方案，如图 5.2 所示。

2. 非线性盈亏平衡分析

在实际生产经营过程中，产品的销售收入与销售量之间，成本费用与产量之间，并不一定呈现出线性关系，在这种情况下进行盈亏平衡分析称为非线性盈亏平衡分析。例如，当产量达到一定数额时，市场趋于饱和，产品可能会滞销或降价，这时呈非线性变化；而当产量增加到超出已有的正常生产能力时，可能会增加设备，要加班时还需要加班费和照明费，此时可变费用呈上弯趋势，产生两个平衡点 BEP_1 和 BEP_2，如图 5.3 所示。

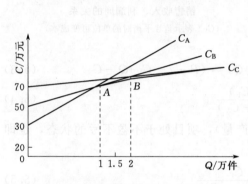

图 5.2　盈亏平衡分析图

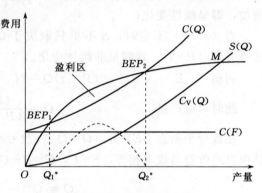

图 5.3　非线性盈亏分析图

非线性盈亏分析的基本过程如下：

(1) 产量 $Q < Q_1^*$ 或 $Q > Q_2^*$ 时，项目都处于亏损状态。

(2) $Q_1^* < Q < Q_2$ 时，项目处于盈利状态。

因此 Q_1、Q_2 是项目的两个盈亏平衡点的产量。

又根据利润表达式：

$$利润 = 收益 - 成本 = S - C$$

通过求上式对产量的一阶导数并令其等于零，即：

$$d[(S - C)]/dQ = 0$$

可以求出利润为最大的产量 Q_{max}。

【例 5.2】 已知固定成本为 60000 元，单位变动成本为 35 元，产品单价为 60 元。由于成批采购材料，单位产品变动成本可减少 1‰；由于成批销售产品，单价可降低 3.5‰；求利润最大时的产量（单位：kg）。

【解】 总成本：$C(Q) = 60000 + (35 - 0.001Q)Q$

总收入：$F(Q) = (60 - 0.0035Q)Q$

令 $C(Q) = F(Q)$ 则：$0.0025Q^2 - 25Q + 60000 = 0$

解得：$Q_1 = 4000\text{kg}$　　$Q_2 = 6000\text{kg}$

又因为：$E(Q) = F(Q) - C(Q) = -0.0025Q^2 + 30Q - 60000$

令 $d[E(Q)]/dQ = 0$ 则 $Q = 6000\text{kg}$，

因 $d^2[E(Q)]/dQ^2 = -0.005 < 0$

所以 6000kg 是利润最大时的产量。

盈亏平衡分析的主要目的在于通过盈亏平衡计算找出和确定一个盈亏平衡点，以及进一步突破此点后增加销售数量、增加利润、提高盈利的可能性。盈亏平衡分析还能够有助于发现和确定企业增加盈利的潜在能力以及各个有关因素变动对利润的影响程度。通过盈亏平衡分析，可以看到产量、成本、销售收入三者的关系，预测经济形势变化带来的影响，分析工程项目抗风险的能力；从而为投资方案的优劣分析与决策提供重要的科学依据。但是由于盈亏平衡分析仅仅是讨论价格、产量、成本等不确定因素的变化对工程项目盈利水平的影响，却不能从分析中判断项目本身盈利能力的大小。另外，盈亏平衡分析是一种静态分析，没有考虑货币的时间价值因素和项目计算期的现金流量的变化，因此，其计算结果和结论是比较粗略的，还需要采用其他的能分析判断出因不确定因素变化而引起项目本身盈利水平变化幅度的、动态的方法进行不确定性分析。

5.3 敏感性分析

在许多情况下，只对方案进行盈亏平衡分析是不够的，它只能通过变动售价、产量、成本等因素所导致的盈亏平衡点或线发生变化来进行不确定性分析。

1. 敏感性分析的作用与基本原理

所谓敏感性分析，从广义上来讲，就是研究单一影响因素的不确定性给经济效果所带来的不确定。具体说来，就是研究某一拟建项目的各个影响因素（售价、产量、成本、投资等），在所指定的范围内变化，而引起其经济效果指标（如投资的内部收益率、利润、回收期等）的变化。敏感性就是指经济效果指标对其影响因素的敏感程度的大小。对经济效果指标的敏感性影响大的那些因素，在实际工程中，我们要严加控制和掌握，而对于敏感性较小的那些影响因素，稍加控制即可。

因此，敏感性分析是研究分析项目的投资、成本、价格、产量和工期等主要变量发生变化时，导致对项目经济效益的主要指标发生变动的敏感程度。工程经济分析中的财务分析指标主要是项目内部收益率、净现值、投资收益率、投资回收期或偿还期，敏感性分析也称为灵敏度分析。

通过敏感性分析，就要在诸多的不确定因素中，找出对经济效益指标反应敏感的因素，并确定其影响程度，计算出这些因素在一定范围内变化时，有关效益指标变动的数量，从而建立主要变量因素与经济效益指标之间的对应定量关系（变化率），从而可绘制敏感性分析图（图 5.4）。同时，可求出各因素变化的允许幅度（极限值），计算出临界点，考察其是否在可接受的范围之内。敏感性分析是侧重于对最敏感的关键因素（即不利因素）及其敏感程度进行分析。

通常是分析单个因素变化，必要时也可分析两个或多个不确定因素的变化。对项目经济效益指标的影响程度。因此，除了采用单因素变化的敏感性分析以外，还可采用多因素

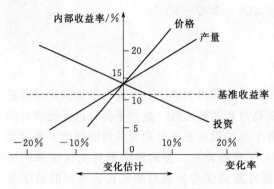

图 5.4 敏感性分析示意图

变化的分析等。项目对某种因素的敏感程度，可表示为该因素按一定比例变化时引起项目指标的变动幅度（列表表示）；也可表示为评价指标达到临界点（如财务内部收益率等于财务基准收益率，或是经济内部收益率等于社会折现率）时，某个因素允许变化的最大幅度，即极限值。敏感性分析可以使决策者了解不确定因素对项目经济效益指标的影响，从而提高决策的准确性，还可以启发工程经济分析人员对那些较为敏感的因素重新进行分析研究，以提高预测的可靠性。通过进行项目的敏感性分析，可以研究各种不确定因素变动对方案经济效果的影响范围和程度，了解工程项目方案的风险根源和风险大小，还可筛选出若干最为敏感的因素，有利于对它们集中力量研究，重点调查和收集资料，尽量降低因素的不确定性，进而减少方案风险。另外，通过敏感性分析，可以确定不确定因素在什么范围内变化能使项目的经济效益情况最好，在什么范围内变化时，则项目的经济效益，情况最差等这类最乐观和最悲观的边界条件或边界数值。

2. 敏感性分析的一般步骤

进行敏感性分析的一般步骤如下。

（1）确定敏感性分析指标。如净现值、内部收益率等。

（2）选取不确定因素。

（3）固定其他因素，变动其中某一个不确定因素，逐个计算不确定因素对分析指标的影响程度（或范围），并找出它们一一对应关系。

（4）找出敏感因素。

（5）对方案进行综合方面分析，实施控制弥补措施。

【例 5.3】 某企业拟建一预制构件厂，其产品是大板结构住宅的预制板，该厂需投资 20 万元，每天可生产标准预制板 $100 m^2$，单价为 140 元/m^2，每年生产 350 天，生产能力利用程度可达到 80%，寿命期为 20 年，基准收益率为 12%，则：

（1）年度收入：$100 \times 350 \times 140 \times 0.8 = 392$（万元）

（2）年度支出：

1）折旧费 $= 20 \times (A/P, 12\%, 20) = 2.6776$（万元）

2）人工费 $= 54$（万元）

3）经常费 $= 4 + 4 = 8$（万元）

4）材料费 $= 0.8 \times 100 \times 350 \times 115 = 322$（万元）

在经常费中，固定费用和可变费用各占一半，为简单起见，试分析各因素的变化对静态投资收益率的影响。以下以生产能力利用程度、产品售价、使用寿命三个因素为例进行敏感性分析。

a. 当生产能力利用程度为 80% 时：

年度总收入 $= 392$（万元）

年度总支出＝386.6776(万元)

利润＝5.3224（万元）

投资收益率＝5.3224÷20＝26.6％

b. 当生产能力利用程度为70％时：

年度总收入＝100×350×140×0.7＝343（万元)

年度总支出＝345.9276(万元)

利润＝－2.9276(万元)

投资收益率＝－2.9276÷20＝－14.64％

其中材料费＝100×350×11×0.7＝281.75（万元)

经常费＝4＋3.5＝7.5(万元)

需说明的是：由于在生产能力利用程度为80％时，经常费中的可变费用为4万元，由此可计算出当生产能力利用程度为100％时，其经常费中的可变费用为4÷0.8＝5（万元）。因此，当生产能力利用程度为70％时，其经常费就为4＋70％×5＝7.5(万元)，而其中的固定费，不论生产能力利用程度为多少，始终不变。

如表5.2所示为几种生产能力利用程度的具体计算结果。由此得出结论：生产能力利用程度对收益率的影响很敏感，工厂投产后要严加控制。或者改变某些因素，重新确定其各项费用，使之变成不敏感因素。

表5.2　　　　　　　　　　　　生 产 能 力 敏 感 分 析

项　　　目		生产能力利用程度			
		70％	75％	80％	85％
	年度收入/万元	343	367.5	392	416.5
年度支出	①折旧费/万元	2.6776	2.6776	2.6776	2.6776
	②人工费/万元	54	54	54	54
	③经常费/万元	7.5	7.75	8	8.25
	④材料费/万元	281.75	301.875	322	342.125
支出总额/万元		345.9276	366.3026	386.6776	407.0526
年度利润/万元		－2.9276	1.1974	5.3224	9.4474
投资收益率/％		－14.64	6	26.6	47.24

敏感性分析侧重于对不利因素及其影响程度的分析。除以上单个因素分析外，必要时，可分析两个或多个不确定因素对投资风险的影响程度。单因素的敏感分析适用于分析最敏感的因素，但它忽略了各因素之间的相互作用。因为多因素的估计误差所造成的风险一般比单个因素较大。因此在对项目进行风险分析时，除了要进行单因素的敏感性分析外，还应进行多因素的敏感性分析。下面仅就双因素情况进行敏感性分析。一次改变一个因素的敏感性分析可以得到敏感性曲线。若分析两个因素同时变化的敏感性，则可以得到一个敏感面。

【例5.4】某企业为了研究一项投资方案，提出了下面的因素指标估计（基本方案），如表5.3所示。假定最关键的敏感因素是投资和年销售收入，试同时进行这两个参数的敏感性分析。

表 5.3　　　　　　　　各 因 素 指 标

项　目	投资/万元	寿命/年	残值/万元	年收入/万元	年支出/万元	折现率 i
参数值	10000	5	2000	5000	2200	8%

【解】以净年金 A^* 为研究目标，设 X 为初始投资变化的百分数，设 Y 为初始年收入变化的百分数，则净年金 A^* 为：

$$A^* = -10000(1+X)(A/P,i,n) + 5000(1+Y)(A/P,i,n)$$
$$- 2200 + 2000(A/F,i,n)$$

将 $i=8\%$，$n=5$ 代入可得：

$$A^* = 636.32 + 5000Y - 2504.6X$$

临界曲线为 $A^*=0$，则 $Y=0.50092X-0.127264$，作图如图 5.5 所示。

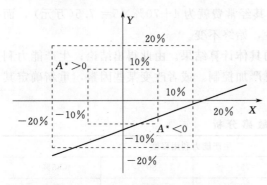

图 5.5　两个参数的敏感性分析

作图后，就得到如图 5.5 所示的两个区域。其中所希望的区域（$A^*>0$）占优势。如果预计造成 $\pm20\%$ 的估计误差，则净年金对增加投资额比较敏感。例如，若投资增加 5%，年销售收入减小 12%，则 $A^*<0$。

3. 敏感性分析的局限性

敏感性分析是项目经济评价时经常用到的一种方法，是投资决策中的两个重要步骤，它在一定程度上对不确定因素的变动对项目投资效果的影响做了定量的描述，得到了维持投资方案在经济上可行所允许的不确定因素发生不利变动的最大幅度，但是敏感性分析在使用中也存在着一定的局限性，就是它不能说明不确定因素发生变动的情况的可能性是大还是小，也就是没有考虑不确定因素在未来发生变动的概率，而这种概率是与项目的风险大小密切相关的。

5.4　概率分析

1. 基本原理

由于盈亏平衡分析和敏感性分析，只是假定在各个不确定因素发生变动可能性相同的情况下进行的分析，而忽略了它们是否发生和发生可能的程度有多大这类问题。因此只有概率分析才能明确这类问题。

概率是指事件的发生所产生某种后果的可能性的大小。概率分析是在选定不确定因素的基础上，通过估计其发生变动的范围，然后根据已有资料或经验等情况，估计出变化值下的概率，并根据这些概率的大小，来分析测算事件变动对项目经济效益带来的结果和所获结果的稳定性。它是一种定量分析方法。同时，又因为事件的发生具有随机性，故概率分析又称为简单风险分析。

2. 概率分析方法

概率法是在假定投资项目净现值的概率分布为正态的基础上，通过正态分布图像面积计算净现值小于零的概率，来判断项目风险程度的决策分析方法。这种分析方法适用的前提条件是项目每年现金流量独立，即上年的现金收回情况好坏并不影响本年的现金收回，本年的现金收回也不影响下年的现金收回。

概率法首先要计算期望净现值 $E(NPV)$，公式为：

$$E(NPV) = \sum_{i=0}^{n} \frac{E(N_i)}{(1+i_c)^i} \qquad (5.8)$$

其次要计算项目的现金流量标准差 σ，公式为：

$$\sigma = \sqrt{\sum_{i=1}^{n} \left[\frac{\sigma_i}{(1+i_c)} \right]^2} \qquad (5.9)$$

最后，计算 NPV 小于零的概率并判断项目风险大小和项目的可行性，其一般计算步骤如下。

（1）列出各种应考虑的不确定因素，如投资、经营成本、销售价格等。

（2）设想各种不确定因素可能发生的变化情况，即确定其数值发生变化个数。

（3）分别确定各种情况出现的可能性及概率，并保证每个不确定因素可能发生的情况的概率之和为 1。

（4）分别求出各种不确定因素发生变化时方案净现值流量在各状态下发生的概率和相应状态下的净现值的期望值。

（5）求出净现值大于或等于零的累计概率。

（6）对概率分析结果作出说明。

【例 5.5】某企业评价的某项目之可能的各年净现金流量和该公司约定的 $C_V - d$ 换算表如表 5.4 所示，若 $i_c = 8\%$，试求 $E(NPV)$ 并判断其可行性。

表 5.4　　　　　　　　　　净现金流量和 $C_V - d$ 换算表

i	N_{ij}/元	概率 P_{ij}	i	N_{ij}/元	概率 P_{ij}
0	-10000	1.0	2	4000 6000 7000	0.3 0.2 0.4
1	4500 5000 6500	0.3 0.4 0.3	3	3000 5000 8000	0.25 0.50 0.20

【解】先求出各 d，为此计算各年的 $E(N_t)$。

$$E(N_0) = -10000 \times 1.0 = -10000$$

$$E(N_1) = 4500 \times 0.3 + 5000 \times 0.4 + 6500 \times 0.3 = 5300$$

$$E(N_2) = 4000 \times 0.3 + 6000 \times 0.2 + 7000 \times 0.4 = 5200$$

$$E(N_3) = 3000 \times 0.25 + 5000 \times 0.5 + 8000 \times 0.2 = 4850$$

再求各年净现金流量的 σ。

$\sigma_0 = 0$

$\sigma_1 = [(4500-5000)2 \times 0.3 + (5000-5000)2 \times 0.4 + (6500-5000)2 \times 0.3]1/2$
$= 866.0$

$\sigma_2 = [(4000-6000)2 \times 0.3 + (6000-6000)2 \times 0.2 + (7000-6000)2 \times 0.4]1/2$
$= 1264.9$

$\sigma_3 = [(3000-5000)2 \times 0.25 + (5000-5000)2 \times 0.50 + (8000-5000)2 \times 0.2]1/2$
$= 1673.3$

$$E(EPV) = \frac{5300}{1+0.08} + \frac{5200}{(1+0.08)^2} + \frac{4850}{(1+0.08)^3} - 10000 = 3215.7（元）$$

$$\sigma = \sqrt{\left[\frac{866}{1+0.08}\right]^2 + \left[\frac{1264.9}{(1+0.08)^2}\right]^2 + \left[\frac{1673.3}{(1+0.08)^3}\right]^2} = 1893.0$$

至此，可以计算出期望净现值相当于项目现金流量标准差的倍数为：

$$Z = \frac{E(NPV)}{\sigma} = \frac{3215.7}{1893} = 1.70$$

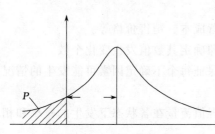

图 5.6　年净现值概率分布

根据 Z 值，可从正态分布表中，查得正态分布图像边上阴影面积对应的百分数，这就是项目的净现值小于零的概率 P，如图 5.6 所示。

经查表：$P_b = 0.0341$ 这一结果如图 5.6 所示，$NPV < 0$ 的概率仅为 3.41%，风险是很小的。

由公式 $Z = \frac{E(NPV)}{\sigma}$ 可知，$E(NPV)$ 越大，σ 越小，Z 值就越大；Z 值越大，P_b 就越小，项目就越有吸引力，反之则结论相反。

3. 期望值决策方法

（1）净现值期望值的数学含义。

$$E(NPV) = \sum_{n=1}^{i} NPV_i P_i \tag{5.10}$$

式中　NPV_i——第 i 种状态的净现值；

　　　　n——自然状态数；

　　　　P_i——第 i 种状态的概率

（2）期望值进行决策必须具有的条件。

1）目标。

2）几个可行方案。

3）所对应的自然状态。

4）概率。

5）相应的可计算出的损益值——加权平均值。

【例 5.6】某土方工程，施工管理人员要决定下个月是否开工，若开工后遇天气不下雨，则可按期完工，获利润 6 万元，遇天气下雨，则要造成 1.5 万元的损失。假如不开工，不论下雨还是不下雨都要付窝工费 1000 元。据气象预测下月天气不下雨的概率为0.3，下雨概率为 0.7，利用期望值的大小为施工管理人员做出决策。

【解】开工方案的期望值 $E_1 = 60000 \times 0.3 + (-15000) \times 0.7 = 7500(元)$

不开工方案的期望值 $E_2 = (-1000) \times 0.3 + (-1000) \times 0.7 = -1000(元)$

$E_1 > E_2$，应选开工方案。

5.5 决策树方法

1. 基本形式

我们可以将［例5.6］决策内容绘制成如图5.7所示的决策树，图中"□"代表决策点，从决策点画出的每一条直线代表一个方案，叫做方案分支；"○"代表机会点（也可叫自然状态点），从机会点画出的每一条直线代表一种自然状态，叫做概率分支；"△"为可能结果点，代表各种自然状态下的可能结果。

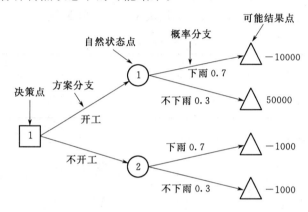

图5.7 决策树方法基本形式

【例5.7】某公司拟建设一个预制构件厂，一个方案是大厂，需要300万元，另一个方案是小厂，需要160万元，使用期均为10年。另方案在不同自然状态下的损益值及自然状态概率如表5.5所示，试利用决策树法决策。

表5.5　　　　　　　　　　　　损益值及自然状态概率

自然状态	概　　率	每年损益值/万元	
		大厂	小厂
市场需求大	0.7	100	60
市场需求小	0.3	-20	20

【解】决策树图形如图5.8所示，各点期望值如下。

点1：$0.7 \times 100 \times 10 + 0.3 \times (-20) \times 10 - 300 = 340(万元)$

点2：$0.7 \times 60 \times 10 + 0.3 \times 20 \times 10 - 160 = 320(万元)$

两者比较，建大厂较优，10年期望值为340万元。

2. 多级决策问题

【例5.8】如［例5.7］条件，为了适应市场的变化，投资者又提出了第三个方案，即先小规模投资160万元，生产3年后，如果销路差，则不再投资，继续生产7年；如果销

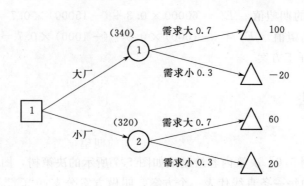

图 5.8　例 5.7 的决策树

路好，则再作决策是否再投资 140 万元扩建至大规模（总投资 300 万元），生产 7 年。前 3 年和后 7 年销售状态的概率见表 5.6，试用决策树法选择最优方案。

表 5.6　　　　　　　　　　　　销 售 概 率 表

项　目	前 3 年销售状态概率		后 7 年销售状态概率	
	好	差	好	差
销路差	0.7	0.3	0.9	0.1

【解】（1）绘制决策树（图 5.9）。

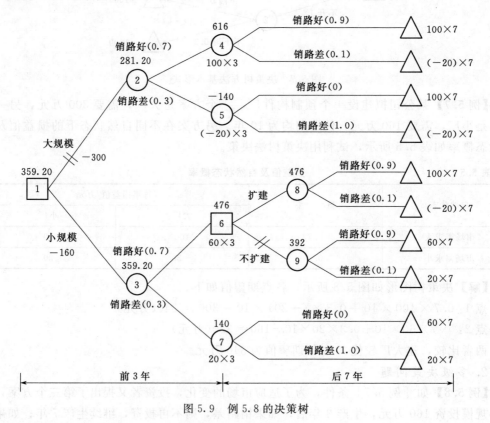

图 5.9　例 5.8 的决策树

（2）计算各节点的期望收益值，并选择方案。

节点④：$100 \times 7 \times 0.9 + (-20) \times 7 \times 0.1 = 616$（万元）

节点⑤：$100 \times 7 \times 0 + (-20) \times 7 \times 1.0 = -140$（万元）

节点②：$(616 + 100 \times 3) \times 0.7 + [(-140) + (-20) \times 3] \times 0.3 - 300 = 281.20$（万元）

节点⑧：$[100 \times 7 \times 0.9 + (-20) \times 7 \times 0.1] - 140 = 476$（万元）

节点⑨：$60 \times 7 \times 0.9 + 20 \times 7 \times 0.1 = 392$（万元）

节点⑧的期望收益值为 476 万元，大于节点⑨的期望损失值 392 万元，故选择扩建方案，"剪去"不扩建方案。因此，节点⑥的期望损益值取扩建方案的期望损益值 476 万元。

节点⑦：$60 \times 7 \times 0 + 20 \times 7 \times 1.0 = 140$（万元）

节点③：$[(476 + 60 \times 3) \times 0.7 + (140 + 20 \times 3) \times 0.3] - 160 = 359.20$（万元）

节点③的期望损益值 359.20 万元，大于节点②的期望损益值 281.20 万元，故"剪去"大规模投资方案。

综上所述，投资者应该先进行小规模投资，3 年后如果销售状态好则再扩建，否则不扩建。

5.6 实例分析

【例 5.9】某公司经营情况如下：房租为 300 元/月，假设经营产品 A、B、C 的利润各占总利润的 1/3，现通过对 A 的销售来对方案进行可行性分析，假设 A 的平均进价为 3.00 元/kg，售价为 3.40 元/kg，平均每月销售 A 约 1500kg，每月进货 2 次，运费 150 元/次，水电费 60 元/月，免税收。

【解】（1）盈亏平衡分析。

固定成本：A 的固定成本占总固定成本的 1/3。

$$F = \frac{1}{3}(300 + 2 \times 150 + 60) = 220（元）$$

盈利：$TR = (p - t)Q = (3.4 - 0)Q = 3.4Q$

成本：$TC = F + vQ = 220 + 3.0Q$

$$TC = TR$$

$$盈亏平衡销售量 Q = \frac{F}{p - t - v} = \frac{220}{3.4 - 0 - 3.0} = 550（kg/月）$$

如图 5.10 所示。

$$最低销售率 = \frac{550}{1500} \times 100\% = 36.7\%$$

（2）作敏感度分析。

销售量的敏感度在（±10%，±20%）之间。

月收入：$3.4 \times 1500 = 5100$（元）

月支出：月使用费 $\frac{300}{3} + \frac{150 \times 2}{3} + \frac{60}{3} = 220$（元）

月材料费：$3.0 \times 1500 = 4500$（元）

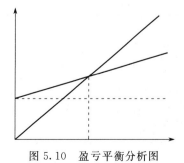

图 5.10 盈亏平衡分析图

利润总额：380 元（销售量的敏感度分析如表 5.7 所示）。

表 5.7　　　　　　　　　　　销售量的敏感度分析表

估计项目 ＼ 销售量/kg	1200	1350	1500	1650	1800
月收入/元	4080	4590	5100	5610	6120
月使用费/元	220	220	220	220	220
月材料费/元	3600	4050	4500	4950	5400
利润总额/元	260	320	380	440	500

售价的敏感度如表 5.8 所示。

表 5.8　　　　　　　　　　　售价的敏感度分析表

估计项目 ＼ 售价/（元/kg）	3.20	3.30	3.40	3.50	3.60
月收入/元	4800	4950	5100	5250	5400
月使用费/元	220	220	220	220	220
月材料费/元	4500	4500	4500	4500	4500
利润总额/元	80	230	350	530	680

进价的敏感度如 5.9 所示。

表 5.9　　　　　　　　　　　进价的敏感度分析表

估计项目 ＼ 售价/（元/kg）	2.80	2.90	3.00	3.10	3.20
月收入/元	5100	5100	5100	5100	5100
月使用费/元	220	220	220	220	220
月材料费/元	4200	4350	4500	4650	4800
利润总额/元	680	530	380	230	80

运费的敏感度如表 5.10 所示。

表 5.10　　　　　　　　　　　运费的敏感度分析表

估计项目 ＼ 运费/（元/次）	120	135	150	165	180
月收入/元	5100	5100	5100	5100	5100
月使用费/元	200	210	220	230	240
月材料费/元	4500	4500	4500	4500	4500
利润总额/元	400	390	380	370	360

以上四方面因素分析如图 5.11 所示。

根据以上分析，决策人就可以对方案作出比较全面合理的判断，由图 5.11 可以清楚地看出月收入对于进价和售价的变化都很敏感，而对于月销售量和运费则不敏感。

（3）概率分析。

假设售价（单位：元/kg）和销售量（单位：kg）的概率关系如图 5.12 所示。

计算其联合概率，如表 5.11 所示。

由表 5.9 可以看出：除去月使用费和月材料费 220 元，每月 A 的销售利润为 406.7 元 [626.7－220＝406.7（元）]。根据计算结果，该方案虽然利润不多，但风险很小，决策者可以选择投资。

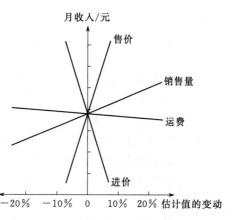

图 5.11 销售量、售价、进价、运费的敏感度分析图

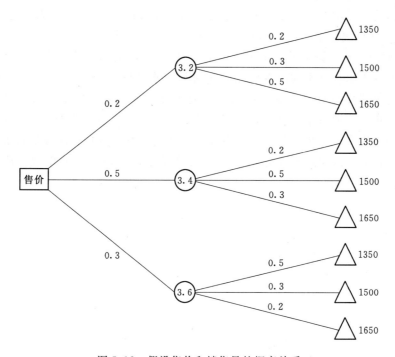

图 5.12 假设售价和销售量的概率关系

表 5.11　　　　　　　　联　合　概　率

序　号	联合概率	收入/元	概率×收入/元	序　号	联合概率	收入/元	概率×收入/元
1	0.04	270	10.8	6	0.15	660	99
2	0.06	300	18	7	0.15	810	121.5
3	0.10	330	33	8	0.09	900	81
4	0.10	540	54	9	0.06	990	59.4
5	0.25	600	150	合计	1.00		626.7

习　题

1. 如何理解风险和不确定性的特征和产生原因？

2. 不确定性分析的常用方法有哪些？各自适用条件是什么？

3. 利用盈亏平衡分析进行生产决策？影响盈亏平衡点的主要因素有哪些？

4. 敏感性分析法的一般程序是怎样的？如何选择敏感性分析指标？

5. 决策树决策的依据和基本条件是什么？

6. 某企业年固定成本为 300 万元，产品单价 150 元/台，单位产品可变成本 240 元，求盈亏平衡产量。

7. 某项目年总成本 $C=2X-8X+16$，产品单价 $P=5-Q/8$，Q 为产量，求盈亏平衡产量。

8. 某企业年固定成本 6.5 万元，每件产品变动成本 25 元，原材料批量购买可降低单位材料费用为购买量的 0.1%，每件售价为 55 元，随销售量的增加市场单位产品价格下降 0.25%，试计算盈亏平衡点、利润最大时的产量和成本最低时的产量。

9. 某沿河岸台地铺设地下管道工程施工期内（1 年）有可能遭到洪水的袭击，据气象预测，施工期内不出现洪水或出现洪水不超过警戒水位的可能性为 60%，出现超过警戒水位的洪水的可能性为 40%。施工部门采取的相应措施：不超过警戒水位时只需进行洪水期间边坡维护，工地可正常施工，工程费约 10000 万元。出现超警戒水位时为维护正常施工，普遍加高堤岸，工程费约 70000 万元。工地面临两个选择：①仅做边坡维护，但若出现超警戒水位的洪水工地要损失 10 万元；②普遍加高堤岸，即使出现警戒水位也万无一失。试问应如何决策？

第6章 价值工程

【学习目标】

通过本章学习，认识价值工程的基本概念，理解价值、功能、成本的概念以及相互关系，掌握价值工程的工作程序和工作方法。从而能够对功能进行分析和评价，进而有效运用价值工程原理在建筑工程中发挥有效作用。

6.1 价值工程概述

6.1.1 价值工程的产生与发展

1. 价值工程的产生

价值工程（Value Engineering，VE）是一种新兴的科学管理技术，是降低成本提高经济效益的一种有效方法。它40年代起源于美国。第二次世界大战结束前不久，美国的军事工业发展很快，造成原材料供应紧缺，一些重要的材料很难买到。当时在美国通用电气公司有位名叫麦尔斯（L. D. Miles）的工程师，他的任务是为该公司寻找和购得军工生产用材料。麦尔斯研究发现，采购某种材料的目的并不在于该材料的本身，而在于材料的功能。在一定条件下，虽然买不到某一种指定的材料，但可以找到具有同样功能的材料来代替，仍然可以满足其使用效果。当时轰动一时的所谓"石棉板事件"就是一个典型的例子。该公司汽车装配厂急需一种耐火材料——石棉板，当时，这种材料价格很高而且奇缺。麦尔斯想：只要材料的功能（作用）一样，能不能用一种价格较低的材料代替呢？他开始考虑为什么要用石棉板？其作用是什么？经过调查，原来汽车装配中的涂料容易漏洒在地板上，根据美国消防法规定，该类企业作业时地板上必须铺上一层石棉板，以防火灾。麦尔斯弄清这种材料的功能后，找到了一种价格便宜且能满足防火要求的防火纸来代替石棉板。经过试用和检验，美国消防部门通过了这一代用材料。

麦尔斯从研究代用材料开始，逐渐摸索出一套特殊的工作方法，把技术设计和经济分析结合起来考虑问题，用技术与经济价值统一对比的标准衡量问题，又进一步把这种分析思想和方法推广到研究产品开发、设计、制造及经营管理等方面，逐渐总结出一套比较系统和科学的方法。1947年，麦尔斯以《价值分析程序》为题发表了研究成果，"价值工程"正式产生。

2. 价值工程的发展

价值工程产生后，立即引起了美国军工部门和大企业的浓厚兴趣，以后又逐步推广到民用部门。

1952年麦尔斯举办了首批价值分析研究班，在他的领导下进行了有关VA的基础训练，这些专门从事价值分析的人员在后来工作中所创造的一系列重大成果，为在更多的产业界推行价值分析产生了重要影响。

1954年，美国海军部首先制定了推行价值工程的计划。美国海军舰船局首先用这种方法指导新产品设计并把价值分析改名为价值工程。1956年正式用于签定订货合同，即在合同中规定，承包厂商可以采取价值工程方法，在保证功能的前提下，改进产品或工程项目，把节约下来的费用的20%～30%归承包商，这种带有刺激性的条款有力地促进了价值工程的推广，美国海军部在应用价值工程的第一年就节约3500万美元。据报道由于采用价值工程，美国国防部在1963年财政年度节约支出7200万美元，1964年财政年度节约开支2.5亿美元，1965年财政年度节约开支3.27亿美元，到了1969年，就连美国航天局这个最不考虑成本的部门也开始培训人员着手推行价值工程。

1961年，麦尔斯在《价值分析程序》的基础上进一步加以系统化，出版了专著《价值分析与价值工程技术》（Techniques of Value Analysis and Engineering），1972年又出了修订版并被译成十多种文字在国外出版。

由于国际市场的扩大和科学技术的发展，企业之间的竞争日益加强，价值工程的经济效果十分明显，因而价值工程在企业界得到迅速发展。20世纪50年代，美国福特汽车公司竞争不过通用汽车公司，面临着失败倒闭的危险，麦克纳马拉组成一个班子，大力开展价值工程活动，使福特汽车公司很快就扭亏为盈，因而麦克纳马拉也就成为福特汽车公司第一个非福特家族成员的高层人士。在军工企业大力推广价值工程之时，民用产品也自发地应用价值工程，在美国内政部垦荒局系统、建筑施工系统、邮政科研工程系统、卫生系统等得到广泛应用。

价值工程不仅为工程技术有关部门所关心，也成为当时美国政府所关注的内容之一。1977年美国参议院第172号决议案中大量列举了价值工程的应用效果，说明这是节约能量、改善服务和节省资金的有效方法，并呼吁各部门尽可能采用价值工程。1979年美国价值工程师协会（SAVE）举行年会，卡特总统在给年会的贺信中说："价值工程是工业和政府各部门降低成本、节约能源、改善服务和提高生产率的一种行之有效的分析方法。"

1955年，日本派出一个成本管理考察团到美国，了解到价值工程十分有效，就引进采用，他们把价值工程与全面质量管理结合起来，形成具有日本特色的管理方法。1960年，价值工程首先在日本的物资和采购部门得到应用，而后又发展到老产品更新、新产品设计、系统分析等方面。1965年，日本成立了价值工程师协会（SJVE），价值工程得到了迅速推广。

价值工程在传入日本后，又传到了西欧、东欧、原西德、前苏联地，他们有的还制定了关于价值工程的国家标准，成立了价值工程或价值分析的学会或协会；在政府技术经济部门和企业界推广应用价值工程，也都得到不同程度的发展并收到显著成效。

3. 价值工程迅速发展的背景与原因

价值工程从产生至今，仅仅50多年的时间，它之所以能够迅速推广和发展，不是偶然的，而是有它的客观背景和内在原因的。

价值工程首先在美国产生并迅速发展起来。第二次世界大战中，美国政府向企业订购军火，所注重的是武器的性能和交货期，这种不顾成本、浪费资源的现象一直持续到战后。战后，无论政府还是其他用户都不会以成本补偿方式支付生产费用，价值工程在美国得到迅速发展，其历史背景和经济条件在于：一方面随着国际市场的扩大和科技的发展，企业之间的竞争日益加剧，促使企业必须运用价值工程来提高产品竞争能力。另一方面，美国由于扩军备战，发动战争，尖端武器和核竞赛要求增加军工生产，国内人民的反抗又不允许国防开支无限上升。

价值工程在其他国家也得到了飞速发展。一是在20世纪六七十年代各国工业有了新发展，使得材料供应日趋紧张，如何解决材料奇缺问题成为资本主义各国的重要课题，价值工程的应运而生，为研究材料代用、产品改型、设计改进等问题提供了系统方法；二是国际交通运输日益发达，资本主义竞争更为激烈，产品要立足市场，不但要降低成本、售价，而且还要实现同样的功能，因而价值工程代替了以往的那种点滴节约，达到了竞争要求的新方法；三是科技飞速发展，新材料、新工艺不断涌现，为设计人员改进旧方法，采用新材料、新工艺，提供了现实的可能性。

价值工程之所以能得到迅速推广，是因为它给企业带来了较好的经济效益，其内在原因主要有两方面：一是传统的管理方式强调分系统，分工各搞一套，造成人为地割裂，管理人员注重经营效果，侧重产品产量和成本，而技术人员只管技术设计，侧重产品性能方面的考虑，加上设计者个人考虑，自然会提高设计标准，特别是诸如保险系数、安全系数等标准，这就形成了技术与经济脱节的状态，而价值工程则着眼于从两方面挖潜达到最佳经济效益，是符合现代化生产和现代科技发展规律的有效方法。二是传统的人才培训方法也是分割的、孤立式的，而价值工程则是二者合理的结合，以求得最佳价值。

总之，价值工程是随着现代化工业产品和科学技术的发展，随着人类经营管理思想的进步而在实践中创立和发展起来的。

4. 价值工程在我国的推广与应用

（1）我国价值工程的发展。我国自1978年引进价值工程至今已有三十余年的历史。价值工程首先在机械工业部门得到应用，1981年8月原国家第一机械工业部以一机企字（81）1047号文件发出了《关于积极推行价值工程的通知》，要求机械工业企业和科研单位应努力学习和掌握价值工程的原理与方法，从实际出发，用实事求是的科学态度，积极推行价值工程，努力把价值工程贯穿到科研、设计、制造工艺和销售服务的全过程。1982年10月，我国创办了唯一的价值工程专业性刊物《价值工程通讯》，后更名《价值工程》杂志。1984年国家经济贸易委员会将价值工程作为18种现代化管理方法之一向全国推广。1986年由国家标准局组织制定了《中华人民共和国价值工程国家标准》（征求意见稿），1987年国家标准局颁布了第一个价值工程标准《价值工程基本术语和一般工作程序》，1988年5月，我国成立了价值工程的全国学术团体——中国企业管理协会价值工程研究会，并把《价值工程》杂志作为会刊。

政府及领导的重视与关注，使价值工程得以迅速发展。价值工程自1978年引入我国后，很快就引起了科技教育界的重视。通过宣传、培训进一步被一些工业企业所采用，均取得了明显的效果，从而引起了政府有关部门的重视。政府有关部门的关心与支持给价值工程在我国的应用注入了动力。特别是1988年，江泽民同志精辟的题词"价值工程常用常新"对价值工程的发展具有深远意义。1989年4月，国家经济贸易委员会副主任、中国企业管理协会会长袁宝华同志提出"要像推广全面质量管理一样推广应用价值工程！"，促进了价值工程的推广与应用。

几十年来，一些高等院校、学术团体通过教材、刊物、讲座、培训等方式陆续介绍价值工程的原理与方法及其在国内外有关行业的应用，许多部门、行业和地方以及企业、大专院校、行业协会和专业学会，纷纷成立价值工程学会、研究会，通过会议、学习班、讨论等方式组织宣传推广，同时还编著出版了数十种价值工程的专著，开展了国际间价值工程学术交流活动，有效地推动了价值工程在我国的推广应用。

（2）我国价值工程的应用成果。价值工程在我国首先应用于机械行业，而后又扩展到其他行业，通常被认为价值工程难以推行的采矿、冶金、化工、纺织等部门，也相继出现了好的势头。价值工程的应用领域逐步拓展，从开始阶段的工业产品开发到工程项目，从企业的工艺、技术、设备等硬件的改进，到企业的生产、经营、供销、成本等管理软件的开发；从工业领域应用进一步拓展到农业、商业、金融、服务、教育、行政事业领域；在国防军工领域的应用也获明显效果。如今，价值工程广泛应用于机械、电子、纺织、军工、轻工、化工、冶金、矿山、石油、煤炭、电力船舶、建筑以及物资、交通、邮电、水利、教育、商业和服务业等各个部门；分析的对象从产品的研究、设计、工艺等扩展到能源、工程、设备、技术引进、改造以及作业、采购、销售服务等领域，还应用到机构改革和优化劳动组合、人力资源开发等方面，此外在农业、林业、园林等方面几乎涉及各大门类和各行各业得到应用。

要提高经济效益和市场竞争力并获得持续发展，企业的经营管理离不开价值管理，离不开产品（包括劳务等）的价值创造，离不开各项生产要素及其投入的有效的价值转化。企业经营管理的本质就是价值经营、价值管理、价值创造，力求投入少而产出高，不断为社会需要创造出有更高价值的财富。我们面临的是一个丰富多彩、纷繁复杂的价值世界，任何有效管理和有效劳动都是在做有益于社会发展的价值转化工作，都在创造价值；反之，则既无效又无益，甚至起负面作用，形成一种"零价值"或"负价值"。树立正确的价值观念，应用价值工程原理和价值分析技术，对事物作出价值评论，并进行价值管理和开展价值创新，目的就在于为社会创造价值。

价值工程引进我国以后，它在降低产品成本、提高经济效益、扩大社会资源的利用效果等方面所具有的特定作用，在短短几年的实践中已经充分显示出来，一批企业在应用中取得了显著的实效，为价值工程在不同行业广泛地推广应用提供了重要经验。据不完全统计，1978—1985 年，全国应用价值工程的收益达 2 亿元；到 1987 年达 5 亿元。开展应用价值工程较早的是上海市，他们在应用价值工程的深度与广度上都有一定经验，其他如辽宁、浙江、河北等地在推行价值工程中也取得了较好的经济效果。中国第一汽车制造厂应用推广价值工程的第一个 10 年，共进行 270 多项价值分析，取得效益 3000 万元。河北省石家庄拖拉机厂在改造小型拖拉机老产品和设计新产品中应用价值工程，提高产品功能，降低成本，据 8 种零部件统计，每台节约成本 170 元。

实践证明，价值工程在我国现代化管理成果中占有较大的比重，为提高经济效益做出了积极贡献，价值工程在我国经济建设中大有可为，它应用范围广，成效显著。我国应用价值工程取得了巨大的经济效益，价值工程的应用和研究，从工业拓展到农业、商业、金融、国防、教育等领域，从产品、工艺、配方扩展到经营、管理、服务等对象。

随着技术与经济发展的客观需要，以及价值工程本身的理论与方法日臻完善，它必将在更多国家中的更多行业得到广泛的应用与发展。但我们必须承认差距和潜力还很大：一是应用面还不很普及和不平衡，仍需广泛宣传和普及价值工程知识，大力开展培训活动；二是持久性不够，这与相当多的原来抓价值工程的领导和骨干、研究价值工程的学者和学术团体人员，以及大量参加过培训的员工已退离岗位有关，削弱了价值工程活动的开展，需要继续加大推广应用的力度，深入持久地坚持开展下去；三是与"常用常新"更有差距，尤其在价值管理、价值转化和价值创新方面，从理论到实践都在不断发展和深化，我们应当加以重视和关注，加强研究和开发应用。

6.1.2 价值工程的概念

价值工程，也称价值分析（Value Analysis，VA），是指以产品或作业的功能分析为核心，以提高产品或作业的价值为目的，力求以最低寿命周期成本实现产品或作业使用所要求的必要功能的一项有组织的创造性活动，有些人也称其为功能成本分析。价值工程是以满足用户需要的必要功能为前提，脱离用户需要的高功能属于多余功能；达不到用户要求的功能，属于功能不足。因此价值工程的目的就是既要满足必要功能，又要降低总成本，追求最佳价值。

价值工程是通过各相关领域的协作，对所研究对象的功能与费用进行系统分析，不断创新，力图以最低的寿命周期成本，可靠地实现必要的功能，旨在提高某种事物价值的思想方法和管理技术。功能的提高是无限的，它受到一定用途和条件的支配和决定，同时又与成本紧密相连。寻求以最低的寿命周期成本，可靠地实现使用者所需功能，以获取最佳的综合效益的一种管理技术。价值工程这一定义，涉及价值、功能和寿命周期成本3个基本概念。

1. 产品的价值

价值工程中所说的"价值"有其特定的含义，与哲学、政治经济学、经济学等学科关于价值的概念有所不同。价值工程中的"价值"就是一种"评价事物有益程度的尺度"。价值高说明该事物的有益程度高、效益大、好处多；价值低则说明有益程度低、效益差、好处少。例如，人们在购买商品时，总是希望"物美而价廉"，即花费最少的代价换取最多、最好的商品。价值工程中的"价值"是指产品（或劳务等）的功能与获得该功能所花费的全部费用（成本）之比。可以用下述数学公式表达

$$V = \frac{F}{C} \tag{6.1}$$

式中　　V——产品（或劳务等）的价值；

　　　　F——产品（或劳务等）所实现的功能；

　　　　C——用户为获得该产品（或劳务等）具有的功能所付出的费用（成本）。

一种产品价值的高低，取决于该产品所具有的功能与为取得这种功能所花费的成本二者之比值。凡是费用（成本）低且功能强的产品其价值就高，反之则价值低。价值高的产品是好产品，价值低的产品是需要改进的或被淘汰的产品。价值工程的目的，就是通过对产品进行系统的分析，寻求提高产品价值的途径和方法。以便提高产品的功能，降低产品费用（成本）。

如果从企业的角度来评价一种产品，通常把"费用（成本）"看成是制造该产品所投入的人力、物力资源等，即"输入"；把"功能"看成产品能满足用户的效用，即"输出"；则"价值"就是从产品中所获得的经济效益。

由此可见，价值工程是根据功能或费用（成本）的比值来判断产品的经济效益，其目的是提高对象（产品等）的价值，这既是消费者利益的要求，也是企业和国家利益的要求。

根据 $V=F/C$，价值的提高可以通过以下途径来实现：

（1）功能 F 不变，降低费用（成本）C。人们在购买某种商品的时候，总是把商品的功能（质量）同价格联系起来考虑，在同类商品功能（质量）相仿的情况下，人们总是选择其中价格较低者。因此，可以采取这种途径以提高价值。

（2）费用（成本）C 不变，提高功能 F。同理，当两种商品的价格相仿时，总是购买其中质量较好的商品。因此，可以采取成本不变，提高功能的途径以提高价值。

（3）功能 F 提高，降低费用（成本）C。物美价廉的商品是最受欢迎的。但是要做到这一点，就必须既提高功能又降低成本，这就要求在技术上和管理上有所突破。因此，价值工程不仅要在原有的技术管理水平上挖掘潜力，更要求打破现状，不断提高组织的技术管理水平，以求得提高价值的最佳途径。

（4）费用（成本）C 略有提高，功能 F 有更大提高。根据不少消费者喜爱新颖商品和多功能商品的偏好特点，应该研究商品的"竞争质量"。所谓"竞争质量"，即比同类商品具有某些独特的功能。商品具有独特功能，哪怕是微小的独特功能，就会比同类商品更具有竞争力。这种商品即使价格稍贵，消费者也愿意购买。因此，采取该种途径提高价值的途径是可行的（主要适用于高档商品）。

（5）功能 F 略有下降，费用（成本）C 有更大下降。根据不少消费者喜欢"实惠"的心理，某些消费品，在不严重影响使用价值的情况下，适当地降低商品的功能（质量）水平，以换取成本有较大幅度的降低，这种商品也有广泛的销路，例如，不少消费者喜欢购买处理品就是一个证明。因此，采取这种途径提高价值的方法也是可行的（主要用于低档品）。

至于企业究竟采用哪种途径，则要从本企业的实际条件出发，加强市场调查，分析消费者心理及产品具有特殊的要求，才能做出正确的决策。

2. 产品的功能

价值工程中的功能是指产品（或劳务等）能够满足用户某种需求的一种属性。具体地说，功能就是功用与作用。任何产品和劳务都有功能，比如住宅的功能是提供居住空间，建筑物基础的功能是承受荷载等。用户购买产品并非为了占有产品本身，而是为了得到该产品所具有的功能。业主购买商品住宅，实质上是购买住宅的"提供生活空间"的功能。因此，企业生产的目的不在于提供产品给用户，而是通过产品向用户提供他们所需的功能，产品具有了功能才使其得以使用和生存下去，功能是产品最本质的东西。

（1）功能定义的作用。功能定义就是用简明准确的语言来表达功能的本质内容。

1）区分各种功能的概念。通过功能定义把功能的内容及其水平准确地表述出来，这样就可以明确一种产品及其零部件的确切功能，并与其他产品及其零部件的功能相区别。

2）进一步明确用户所需要的功能。用户对产品的功能要求是产品设计和制造的出发点和归宿。通过功能定义，准确地把握用户对产品的功能要求，使设计的内容和水平充分反映用户的功能要求，从而制造出符合用户要求的产品。

3）便于进行功能评价。功能评价的最终目的是确定实现功能的最低费用，由于功能费用与功能水平是相关联的，功能水平又依赖于功能定义，所以只有通过功能定义确定功能的水平，才能进行有效的功能评价。

4）便于改进产品的方案构思。产品某一种功能的实现是可以通过多种手段来实现的，功能定义有利于设计者摆脱产品结构的约束，把分析问题的着眼点转移到产品的功能上来，在抓住问题本质的基础上扩大思想的范围，进而设想出各种设计方案。

（2）功能定义的方法。功能定义在实践中常用一个动词和一个名词的动宾词组构成。为了不限制实现产品功能的各种方法，动词常选用比较抽象的词；而为了将实现产品功能的费用与产品功能水平的高低有机地联系在一起，名词最好选用能够计量的词。例如圈梁的功能定义是加固墙体，基础的功能定义是承受荷载等。

（3）功能分类。为了按类型进行功能分析，需要对功能进行分类，一般有如下三种分类方式：

1）按功能重要程度分，可以分为基本功能和辅助性功能。

基本功能是产品达到使用目的不可缺少的功能，是决定产品属性的功能。如果不具备这种功能，这种产品就失去了其存在的价值。

辅助功能是为了更好地实现基本功能而起辅助作用的功能，是为了实现基本功能而附加的功能。辅助功能在不影响基本功能实现的前提下是可以改变的，这种改变往往可以达到提高产品性能、降低制造成本的目的。如承受荷载是承重外墙的基本功能，保温、隔热、隔声是承重外墙的辅助功能。

2）按功能使用的性质分，可以分为使用功能和美学功能。

使用功能是指产品的特定用途或使用价值，通过产品的基本功能和辅助功能来实现，是从功能的内涵上反映其使用属性。如承重外墙的使用功能就是承受荷载、隔热、隔声、保温等。

美学功能是指产品所具有的外观美化功能，是从产品外观上反映功能的艺术属性。如建筑物上面的图案浮雕，就是为了使建筑物美观大方而增加的部分，其功能就是美学功能。

3）按用户的需要分，可以分为必要功能和不必要功能。

必要功能是指用户所要求的功能以及与实现用户所需求功能有关的功能，使用功能、美学功能、基本功能、辅助功能等均为必要功能。

不必要功能是用户不需要的功能，是过剩的或多余的功能，是不符合用户要求的功能，是完全没有必要或没有意义的"画蛇添足"功能，包括多余功能、重复功能和过剩功能三个方面。不必要功能不仅造成用户额外的经济负担，而且还造成国家资源的浪费，需要在改进设计中加以剔除，因此，价值工程的功能，一般是指必要功能。据国外相关资料介绍，在产品的功能中，大约有 30％是不必要功能。

4）按功能使用的程度分，可以分为过剩功能和不足功能。

过剩功能是指某些功能虽属必要，但满足需要有余，在数量上超过了用户的要求，或高于标准功能水平。例如，某机器本来需要 5.5kW 电动机，却配备了 7.5kW 的电动机，功能过剩常常表现为"大材小用"。

不足功能是相对于过剩功能而言的，表现为功能水平在数量上不能完全满足用户需要，或低于标准功能水平。若实际需要 7.5kW 的电动机，却配备了 5.5kW 的电动机，那就是功能不足的问题了。

（4）功能的特性。功能特性包括如下内容：

1）性能。通常表示功能的水平，即实现功能的品质。

2）可靠性。实现功能的持续性。

3）维修性。功能发生故障后修复的难易度。

4）安全性。实现功能的安全性。

5）操作性。实现功能的操作或作业的方便性与少故障性。

6）易得性。实现功能的难易度。

3．寿命周期成本（寿命周期费用）

价值工程中的寿命周期成本是从产品（或劳务等）的研究、形成到退出使用这一过程所需的全部成本，一般包括生产费用和使用费用两部分。对于建筑产品则由建设费用和使用费用两部分构成。建设费用是指建筑产品从筹建直到竣工验收为止的全部费用，包括勘察设计费、施工建造费等。使用费用是指用户在使用过程中发生的各种费用，包括维修费用、能源消耗费用、管理费用等。寿命周期成本 C 为生产费用 C_1 与使用费用 C_2 之和，即

$$C = C_1 + C_2 \qquad (6.2)$$

一般情况下，生产费用随产品功能水平的提高而上升，使用费用随产品功能水平的提高而下降，如图 6.1 所示，产品寿命周期费用随产品功能水平变化呈开口向上的抛物线变化。显然，寿命周期费用曲线上存在一个最低点 C_{min}。在这点上，产品达到恰当的功能水平 F_0 而使寿命周期费用最小，是理想状态。一般说来，无论是现实的产品或新设计方案都没有完全达到这种状态。若在 C' 与 C_{min} 之间存在一个成本可以降低的幅度 $A = C' - C_{min}$，而在 F' 与 F_0 之间存在一个功能可以提高或改善的幅度 $B = F_0 - F'$，则 VE 的目的就是在于通过 VE 活动，使产品的 C' 趋向于 C_{min}，而且 F' 趋向于 F_0。

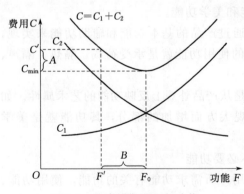

图 6.1　寿命周期费用与功能水平之间的关系图

随着产品的功能水平提高，产品的使用费用降低，但是设计制造费用（生产费用）增高；反之，使用费用增高，设计制造费用降低。一座精心设计施工的住宅，其质量得到保证，使用过程中发生的维修费用就一定比较低；相反，粗心设计并且施工中偷工减料，建造的住宅质量一定低劣，使用过程中的维修费用就一定较高。设计制造费用、使用费用与功能水平的变化规律决定了寿命周期成本呈如图 6.1 所示的马鞍形变化曲线，决定了寿命周期成本存在最低值 C_{min}。寿命周期成本如图 6.2 所示。

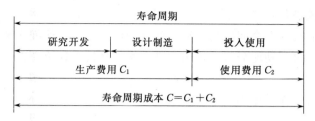

图 6.2 寿命周期成本

6.1.3 价值工程的特点

（1）价值工程致力于功能与成本的合理结合。价值工程的目标是以最低的寿命周期成本，使产品或劳务具有所必须具有的功能，使用户和企业都得到最大的经济效益。价值工程不是单纯强调提高功能，也不是片面追求降低成本，而是致力于功能与成本的合理结合。

（2）价值工程的核心是满足用户需求的特有功能。价值工程的一个突出观点是"用户需要的是产品的功能，而不是物"。对产品进行分析时，首先要进行功能分析，通过功能分析，明确哪些是必要功能和不足功能，哪些是不必要功能和过剩功能。再通过改进方案，去掉不必要功能，削减过剩功能，补充不足功能，实现必要功能，实现产品功能结构合理化，从而降低产品的费用（成本）。

（3）价值工程是一种有组织的创造性活动，具有群众性和广泛性。价值工程是贯穿于产品整个寿命周期的系统方法，从产品研究、设计到原材料的采购、生产制造以及销售和维修，都有价值工程的工作可做，而且涉及面广，需要许多部门和各种专业人员相互配合。因此，必须依靠有组织的、集体的努力来完成，必须密切配合、协同努力，发挥集体智慧和创造力，打破原有产品结构的框框，提出更多的改进方案，并按一定的工作程序有组织、有计划地进行活动。开展价值工程活动，要组织设计、工艺、供应、加工、管理、财务、销售以至用户等各方面的人员参加，运用各方面的知识，发挥集体智慧，博采众家之长，从产品生产的全过程来确保功能，降低成本。

6.2 价值工程工作程序与方法

6.2.1 价值工程工作程序

价值工程已发展成为一门比较完善的管理技术，在实践中已形成了一套科学的工作实施程序。这套实施程序实际上是发现矛盾、分析矛盾和解决矛盾的过程，通常是围绕以下7个合乎逻辑程序的问题展开的：

（1）这是什么？

（2）这是干什么用的？

（3）它的成本是多少？

（4）它的价值是多少？

（5）有其他方法能实现这一功能吗？

（6）新的方案成本是多少？功能如何？

（7）新的方案能满足功能要求吗？

按顺序回答和解决这 7 个问题的过程，就是价值工程的工作程序和步骤。即：选定对象，收集情报资料，进行功能分析，提出改进方案，分析和评价方案，实施方案，评价活动成果。

价值工程的一般工作程序如表 6.1 所示。

表 6.1　　　　　　　　　　　价值工程一般工作程序

价值工程工作阶段	设计程序	工作步骤		价值工程对应问题
		基本步骤	详细步骤	
准备阶段	制定工作计划	确定目标	1. 对象选择	1. 这是什么？
			2. 信息搜集	
分析阶段	规定评价（功能要求事项实现程度的）标准	功能分析	3. 功能定义	2. 这是干什么用的？
			4. 功能整理	
		功能评价	5. 功能成本分析	3. 它的成本是多少？
			6. 功能评价	4. 它的价值是多少？
			7. 确定改进范围	
创新阶段	初步设计（提出各种设计方案）	制定改进方案	8. 方案创造	5. 有其他方法实现这一功能吗？
	评价各设计方案，对方案进行改进、选优		9. 概略评价	6. 新方案的成本是多少？
			10. 调整完善	
	书面化		11. 详细评价	
			12. 提出提案	7. 新方案能满足功能要求吗？
实施阶段	检查实施情况并评价活动成果	实施评价成果	13. 审批	8. 偏离目标了吗？
			14. 实施与检查	
			15. 成果鉴定	

上述仅仅是价值工程的一般工作程序。由于价值工程的应用范围广泛，其活动形式也不尽相同，因此在实际应用中，可参照工作程序，根据对象的具体情况，应用价值工程的基本原理和思想方法，考虑具体的实施措施和方法步骤。但是对象选择、功能分析、功能评价和方案创新与评价是工作程序的关键内容，体现了价值工程的基本原理和思想，是不可缺少的。

6.2.2　选择价值工程对象

选择价值工程活动的对象，就是要具体确定功能成本分析的产品与零部件。这是决定价值工程活动收效大小的第一个步骤。

1. 选择价值工程的一般原则

价值工程活动的对象一般是指价值低的、改善期望值大的和十分重要的产品（系统）。能否正确选择价值工程对象是价值工程活动成效大小，甚至成败的关键。例如就建筑产品而言，其种类繁多，质量、成本、施工工艺和方法不尽相同，不可能把所有建筑产品作为价值工程对象。即使在一座建筑物的建设过程中，也不可能把所有环节作为价值工程对象。究竟选择哪些作为价值工程对象呢？这就首先需要根据一定原则加以选定。

（1）与企业经营目标一致的原则。价值工程活动本身也是一种企业经营活动，因而不可避免与企业的经营目标发生联系。一般地，企业经营目标有满足社会的需求、符合企业发展的要求和追求最佳的经济效益等三类，企业可以根据一定时期的主要经营目标，有针对性地选择对企业经营目标最有利的产品、零部件、工序、作业、工程项目作为价值工程对象。

1）与社会目标相适应。应优先考虑国家急需的重点产品；社会需求量大的产品；国家重点工程建设急需的短缺产品以及公害、污染严重的产品等。

2）与参展目标相适应。应先考虑研制中的产品；需更新改造的设备；拟改革的工艺流程；竞争激烈的产品；用户意见大的产品以及开辟新市场的产品和出口产品等。

3）与利益目标相适应。应优先考虑成本高、利润低的产品；材料贵、耗用大的产品；能耗高性能差、技术水平低的产品；生产周期长、占用资金多的产品以及笨重、结构复杂的产品等。

（2）价值提高的可能性原则。在实际工作中，并不是所有产品都能获得理想的价值成果，大幅度地提高价值的可能性一方面取决于产品本身的价值改善潜力大小和难易程度，另一方面取决于企业在分析研究时的人力、物力、财力等一系列的客观条件。因此，只有既考虑价值提高的最大化，又考虑价值提高条件的较容易实现，才可能准确地进行对象选择，进而有利于实现企业的经营目标。

2. 选择价值工程对象的一般方法

关于如何选择价值工程对象，其方法众多，包括定性分析和定量分析两类方法，这里介绍几种常用的方法。

（1）经验分析法（因素分析法）。经验分析法作为一种简单易行的定性分析方法，在目前使用较为普遍。该方法实际上是利用一些有丰富实践经验的人员对所存在问题的直接感受，经过主观判断确定价值工程对象的一种方法。运用该方法时要对各种影响因素进行综合分析，区分主次轻重，既要考虑需要，也要考虑可能，以保证对象选择的合理性。

经验分析法是一种定性的方法，选择的原则是：

1）从设计方面看，结构复杂、性能差或技术指标低的产品或零部件。

2）从生产方面看，产量大、工艺复杂、原材料消耗大且价格高并有可能替换的或废品率高的产品或零部件。

3）从经营和管理方面看，用户意见多的、销路不畅的、系统配套差的、利润率低的、成本比重大的、市场竞争激烈的、社会需求量大的、发展前景好的或新开发的产品或零部件。

经验分析法的优点是简便易行、节省时间，其缺点是缺乏定量依据，不够精确可靠。因此，只有在目标单一、产品不多或问题比较简单的情况下使用该方法，在准确性和节约时间方面才具有显著优越性，实际应用中也常将该方法与其他方法结合起来使用。

（2）ABC分析法。ABC分析法也称为成本比重分析法、重点法或巴雷特（Pareto）

分配律法,是根据"关键的少数,次要的多数"的思想,对复杂事物的分析提供一种抓主要矛盾的简明有效的定量方法。

处理任何事情都要分清主次轻重,区别关键的少数和次要的多数,根据不同情况进行分析。该方法是意大利经济学家巴雷特在研究人口牧人规律时总结出来的。他发现占人口百分比不大的少数人的收入占总收入的极大部分,而占人口百分比大的多数人的收入却占总收入的极小部分。类似这种现象在社会生活中也屡见不鲜。比如在进行产品生产成本分析时发现,数量占零部件总数10%左右的零部件,其成本却占总成本的70%左右;另有占数量20%左右的零部件,其成本占总成本的20%左右;而占总数70%左右的零部件的成本仅占总成本的10%左右。产品生产成本分配是如此,各类工程项目、工艺、加工方法、工序工时等的费用分配也是如此。ABC分析法将数量占10%且成本占70%的那部分零部件划为A类,将数量占20%且成本占20%的零部件划为B类,将数量占70%且成本占10%的零部件划为C类。

A类零部件是我们主要研究的对象,B类选前几个,C类则不选。

一般地,应用ABC分析法选择价值工程对象的步骤可以分为:

第一步:收集相关数据,绘制ABC分析表,见表6.2和表6.3。

1)将全部产品或一种产品的零部件按其成本由大到小依次排序。

2)按排序的累计件数计算占总产品或零部件总数的百分比。

3)按排序的累计成本计算所占总成本的百分比。

4)按ABC分析法将全部产品或零部件分为A、B、C三类,首选A类作为价值工程分析对象,B类选前几个,C类则不选。

第二步:绘制ABC分析图,如图6.3所示。采用直角坐标系,纵轴为成本累计比率(%),横轴为观测对象累计比率(%),根据上述分类方法定出A、B、C三类的范围。

【例6.1】某建筑产品由10种零件组成,各种零件的个数和每个零件的成本见表6.2,试用ABC分析法选择VE对象。

表6.2 　　　　　　　　　　　零件成本统计表

零件名称	a	b	c	d	e	f	g	h	i	j
零件个数	1	1	2	2	2	1	1	3	3	9
成本/(元·个$^{-1}$)	4.42	3.61	1.03	0.90	0.80	0.43	0.37	0.12	0.05	0.01

【解】1)绘制ABC分析表,见表6.3。

表6.3 　　　　　　　　　　　ABC 分 析 表

零件名称	件数	累计		成本/(元·个$^{-1}$)	累计		分类
		件数	占零件总数/%		金额/元	占总成本/%	
a	1	1	4	4.42	3.61	24.24	A
b	1	2	8	3.61	8.03	53.93	A
c	2	4	16	2.06	10.09	67.76	A
d	2	6	24	1.80	11.89	79.85	B

续表

零件名称	件数	累计		成本 / (元·个⁻¹)	累计		分类
		件数	占零件总数/%		金额/元	占总成本/%	
e	2	8	32	1.60	13.49	90.60	B
f	1	9	36	0.43	13.92	93.49	C
g	1	10	40	0.37	14.29	95.97	C
h	3	13	52	0.36	14.65	98.39	C
i	3	16	64	0.15	14.80	99.40	C
j	9	25	100	0.09	14.89	100.00	C
合计	25			14.89			

2）绘制 ABC 分析图，如图 6.3 所示。

ABC 法的优点是能够比较直观地显示哪些产品的成本占总成本的主要部分，并能抓住重点，把数量少而成本大的零部件或工序选为价值工程的对象，利于集中精力，重点突破，取得较大成果。

ABC 法的缺点是并未联系功能方面的因素来考虑价值分析的对象。在实际工作中，由于成本分配不合理，常会出现有的零部件功能比较次要而成本高，而有的零部件功能比较重要但成本却低，致使后一种零部件（C 类）不能被选为价值工程的对象，有可能忽略所占比重虽然不大但功能却亟待改进的 C 类对象。

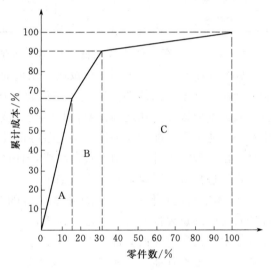

图 6.3　ABC 分析图

（3）百分比分析法。百分比分析法是通过分析产品的两个或两个以上的技术经济指标所占有的百分比，并考查每个产品其指标百分比的综合比率来选择对象的方法。技术经济指标可以考虑采用产值、成本、利润、销售量等。例如某厂有五种产品，其成本和利润的百分比及相应的综合比率（利润百分比与成本百分比的比值）如表 6.4 所示，通过综合比率排序可以看出产品 E 的综合比率最低，因此应选择产品 E 作为重点分析对象。

表 6.4　　　　　　　　　百分比分析计算表

产品名称	A	B	C	D	E	合　计
成本/万元	40	60	100	80	60	340
比重/%	11.8	17.6	29.4	23.5	17.7	100
利润/万元	10	20	30	20	10	90
比重/%	11.1	22.2	33.3	22.2	11.2	100
利润/成本	0.941	1.261	1.133	0.945	0.633	
排　序	4	1	2	3	5	

在企业管理中,应用百分比分析法对产品进行分析,优化产品结构,对提高产品技术经济价值是十分方便有效的,实践中还常将百分比分析法与经验分析法结合,以便更全面、综合地考察对象。

(4)价值比较法。该方法依据 $V = F/C$,在产品成本已知的基础上,将产品功能定量化,计算出产品价值,然后选取价值小的产品或零部件作为价值工程对象。

【例 6.2】某成片开发的居住区,提出了几种类型的单位住宅的初步设计方案,各方案的单位住宅居住面积及相应概算造价如表 6.5 所示,试选择价值工程研究对象的部分。

表 6.5 价 值 比 较 计 算 表

方　案	A	B	C	D	E	F	G
功能:单位住宅居住面积/m²	9000	3000	2000	5000	8000	7000	4000
成本:概算造价/万元	1100	300	320	600	1000	500	600
价值指数:$V = F/C$	8.18	10.00	6.25	8.33	8.00	14.00	6.67

C、G、E 方案价值指数偏低,应选为价值工程的研究对象。

(5)强制确定法。不同于只按成本比重的大小确定价值分析对象的 ABC 分析法,强制确定法建立在产品的功能和成本应该相互协调一致的基础上,即对产品的某零部件而言,其成本应该与其功能的重要性相匹配。该方法从功能和成本两个方面进行考察,找出成本与功能不相匹配的零部件,将这些零部件作为 VE 的对象。因此,当一个产品(工程项目)由多种零部件(分项工程)组成,且这些零部件的重要性各不相同时,可以应用强制确定法选择分析对象,具体作法如下。

1)确定功能评价系数。组织熟悉业务的 5～15 名专业技术人员,对组成产品的零部件按其功能的重要性一对一地进行比较,重要程度高的得 1 分,重要程度低的得 0 分,不允许一对一比较时对两者都打 1 分或都打 0 分。自身比较可以记为 0 分或 1 分,按 0 分记是考虑这个零部件能否取消或同其他部分合并,若该零部件不可以取消或合并,则记 1分。逐次比较后,将各零部件的得分结果进行统计,求出参加评分人员对同一零部件的功能评分之和,再将所有零部件的评分值累加,两者相比,即得某一零部件的功能评价系数,用公式表示即为

$$F_i = \frac{\sum\limits_{j=1}^{m} f_{ij}}{\sum\limits_{i=1}^{n} \sum\limits_{j=1}^{m} f_{ij}} \tag{6.3}$$

式中　F_i——第 i 个零部件的功能评价系数;

　　　f_{ij}——第 j 位评分者给第 i 个零部件的功能评分值;

　　　m——参加评分的人数;

　　　n——零部件的个数。

2)计算成本系数。成本系数的计算公式为

$$C_i = \frac{CO_i}{\sum\limits_{i=1}^{n} CO_i} \tag{6.4}$$

式中　C_i——第 i 个零部件的成本系数；

　　　CO_i——第 i 个零部件的现状成本。

　　3）计算价值系数。价值系数的计算公式为

$$V_i = \frac{F_i}{C_i} \qquad (6.5)$$

式中　V_i——第 i 个零部件的价值系数。

　　4）根据价值系数进行分析。

　　$V_i \approx 1$，表明现有功能和现有成本相适应，比较合理，一般可以不列为重点分析对象。但是，要注意有时存在成本比重和功能比重都过高的特殊情况。

　　$V_i < 1$，表明对象为实现某功能所付出的成本过高了，需要降低成本，因而这个对象应被选为价值工程分析的对象。

　　$V_i > 1$，表明对象的现有功能高，而成本较少，从价值工程的本意来讲，价值系数高，原本是追求的目标，即不必作为重点选择的对象。但是，由于方法本身的特点，价值系数高只是表明该项功能的重要程度高，而不能反映该项功能是否已充分实现，所以要视具体情况而定。若该零部件功能很重要，但由于现状成本分配偏低，致使功能未能充分实现，则应适当增加其成本；若该零部件功能虽很重要，但本身材料价格低廉，则不必多余地增加成本。

　　【例 6.3】某产品主要由 A、B、C、D、E 零部件组成，现状成本分别为 4.76 万元、3.64 万元、3.50 万元、1.12 万元、0.98 万元，现组织 Ⅰ、Ⅱ、Ⅲ、Ⅳ、Ⅴ 五位评委对各零部件的重要性评分，试在此基础上分析开展价值工程活动对象的确定。

　　【解】应用强制确定法求解本题，其步骤如下：

　　1）对各零部件的重要性评分。请五位评委各自对本产品的各零部件的重要性进行排序。例如评委 Ⅰ 认为各零部件的功能重要性排序是 C＞A＞E＞B＞D，同时认为各零部件都不可取消或合并，因此评委 Ⅰ 的评分结果如表 6.6 所示。其他评委的评分结果分别如表6.7～表 6.10 所示。

表 6.6　　　　　　　　　　　　评委 Ⅰ 对各零部件的评分

产品部件名称	一对一比较评分					得分累计
	A	B	C	D	E	
A	1	1	0	1	1	4
B	0	1	0	1	0	2
C	1	1	1	1	1	5
D	0	0	0	1	0	1
E	0	1	0	1	1	3

表 6.7　　　　　　　　　　　　评委 Ⅱ 对各零部件的评分

产品部件名称	一对一比较评分					得分累计
	A	B	C	D	E	
A	1	1	1	1	1	5
B	0	1	0	0	0	1

产品部件名称	一对一比较评分					得分累计
	A	B	C	D	E	
C	0	1	1	1	1	4
D	0	1	0	1	1	3
E	0	1	0	0	1	2

表 6.8   评委 Ⅲ 对各零部件的评分

产品部件名称	一对一比较评分					得分累计
	A	B	C	D	E	
A	1	1	0	1	0	3
B	0	1	0	1	0	2
C	1	1	1	1	1	5
D	0	0	0	1	0	1
E	1	1	0	1	1	4

表 6.9   评委 Ⅳ 对各零部件的评分

产品部件名称	一对一比较评分					得分累计
	A	B	C	D	E	
A	1	1	1	1	1	5
B	0	1	0	0	1	2
C	0	1	1	0	1	3
D	0	1	1	1	1	4
E	0	0	0	0	1	1

表 6.10   评委 Ⅴ 对各零部件的评分

产品部件名称	一对一比较评分					得分累计
	A	B	C	D	E	
A	1	1	1	1	1	5
B	0	1	0	0	0	1
C	0	1	1	1	1	4
D	0	1	0	1	0	2
E	0	1	0	1	1	3

2）确定功能评价系数。综合五位评委的评分结果，并确定各零部件功能的评价系数，如表 6.11 所示。对零部件 A 来说，五位评委的评分合计为 22，除以总计得分 75，即得零部件 A 的功能评价系数为 0.293。

表 6.11　　　　　　　　　　　　评分结果综合与确定功能评价系数表

产品部件名称	一对一比较评分					合计得分	功能评价系数
	I	II	III	IV	V		
A	4	5	3	5	5	22	0.293
B	2	1	2	2	1	8	0.107
C	5	4	5	3	4	21	0.280
D	1	3	1	4	2	11	0.147
E	3	2	4	1	3	13	0.173
累计分值						75	1.000

3）计算成本系数。成本系数的计算结果如表 6.12 所示。

表 6.12　　　　　　　　　　　　价值系数计算结果表

产品部件名称	现状成本/万元	成本系数	功能评价系数	价值系数
A	4.76	0.34	0.293	0.86
B	3.64	0.26	0.107	0.41
C	3.50	0.25	0.280	1.12
D	1.12	0.08	0.147	1.84
E	0.98	0.07	0.173	2.47
合计	14	1.00	1.000	

4）计算价值系数与确定价值工程对象。价值系数的计算结果如表 6.12 所示。根据价值系数进行对象的选择，优先选择零部件 B 作为分析对象；零部件 D、E 属于价值系数大于 1 的情况，要视具体情况而定；零部件 A、C 属于价值系数接近于 1 的情况，一般不作为活动的对象。

强制确定法由于在确定功能系数时将功能的相对重要性程度分为 0 和 1 的标度，因此又被称为"01"评分法。该方法从功能和成本两方面综合考虑，比较实用简便，不仅能明确揭示出价值工程的研究对象所在，而且具有数量概念。但由于这种方法是人为打分，只有 0、1 两种评价标准，未考虑两者本身的大小对价值的影响，不能准确反映功能差距的大小，只适用于零件间功能差别不太大且比较均匀的对象，而且一次分析的功能数目也不能太多，以不超过 10 个为宜。

（6）最合适区域法。最合适区域法也是一种通过计算价值系数选择价值工程对象的方法，因为这一方法是由日本东京大学的田中教授于 1953 年在美国价值工程师的国际学术研讨会上提出来的，所以又称田中法。田中法中价值系数的计算步骤与强制确定法相同，但在根据价值系数选择分析对象时，提出了一个最合适区域。

一般情况下，零部件或功能的价值系数很少恰好等于 1。如果将 $V \neq 1$ 的零部件或功能都选为 VE 对象，工作量可能太大，花费高且效果也未必好。因此，可以认为 $V = 1$ 附近的点所代表的零部件或功能是适合的，不必作为 VE 对象。这样就产生了一个适合区域，VE 仅选择位于该区域之外的零部件或功能作为其改进对象。

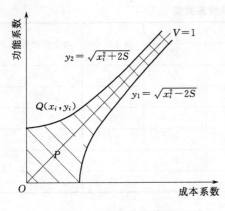

图 6.4 最合适区域图

田中法构造的最合适区域如图 6.4 所示，由围绕价值标准线 $V=1$ 的两条曲线包络而成。两条曲线的构成方法是从曲线 $y=\sqrt{x_i^2 \pm 2S}$ 上任意一点 $Q(x_i, y_i)$ 至价值标准 $V=1$ 的垂线 QP 与 OP 的乘积是一个常数 S。即假定 $QP=r$，$OP=1$，有 $r \times 1 = S$。当 S 值不变时，1 值增大，则 r 值减小；反之，1 值减小，则 r 值增大。亦即，当 Q 点距 O 点较远时，则要求 Q 点距价值标准线的距离更小一些；反之，当 Q 点距 O 点较近时，则要求 Q 点距价值标准线的距离大一些。这样绘制的最合适区域图既能满足选择价值工程活动对象的要求，又能降低价值工程分析的成本。曲线中的 S 是人为给定的常数，若给定的 S 较大，则两条曲线距标准线距离也大，价值工程对象将选得少一些；反之，若给定的 S 较小，则曲线更逼近标准线，价值工程对象将选得多一些。田中法能够较好地解决应该对距原点远的 VE 对象进行严格控制和对距原点近的 VE 对象作较为放松控制的问题。

6.2.3 收集情报

价值工程的情报是指对实现价值工程目标有益的技术和经济方面的知识、信息和资料。价值工程的目标是提高价值，为达到或实现这一目标所作出的决策，都离不开必要的信息，情报收集工作贯穿于价值工程的全过程。在价值工程的改善对象确定之前，要价值工程活动的范围收集情报；在改善对象确定之后，要围绕改善对象收集情报，为进一步开展价值工程活动奠定信息基础。一般说来，必要的或有益的信息越多，价值分析的质量就越高，错误的信息必然会导致错误的决策。因此，价值工程成果的大小在一定意义上取决于情报信息搜集的质量、数量和时间。

1. 收集情报的原则

（1）目的性。收集情报信息要事先明确所收集的信息是用来实现价值工程特定目标的，不要盲目地碰到什么就收集什么，要避免无的放矢。

（2）可靠性。信息是正确决策所必不可少的依据，若情报信息不可靠、不准确，将严重影响价值工程的预期结果，还可能最终导致价值工程工作的失败。

（3）完整性。情报收集要完整、系统，避免片面性。

（4）计划性。在收集情报之前应预先编制计划，加强这项工作的计划性，使这项工作具有明确的目的和确定的范围，以便提高工作效率。

（5）时间性。在收集情报时要收集近期的、较新的信息。

（6）加工性。对取得的情报资料进行加工、分类，最后成为系统信息，通过加工剔除无效的资料，使用有效的资料，以利于价值工程活动的分析研究。

2. 情报收集的内容

（1）用户要求情报。用户要求情报包括用户使用产品的目的、环境、条件，用户对产品性能、价格、服务、外观的要求等。

（2）市场销售情报。市场销售情报包括市场的范围及其发展趋势、产品产销数量的演变及目前产销情况、市场需求量及市场占有率的预测、同类产品竞争的情况等。

（3）技术情报。技术情报一般包括现有产品研制、设计的历史和演变，本企业产品和国内、外同类产品的相关技术资料，与产品相关的新结构、新工艺、新材料、新技术、标准化和"三废"处理方面的资料等。

（4）成本情报。成本情报包括产品成本构成情况、单位产品的价格、工时定额、材料单价和消耗定额、实现产品必要功能的最低成本、其他厂家与价值工程对象相关的成本费用资料等。

（5）本企业情报。本企业情报包括本企业的经营规划、技术方针、生产指标、职工素质等。

（6）政府和社会相关部门的政策、法令、条例、规定方面的情报。

3．收集情报的方法

收集情报主要有下面一些方法：

（1）询问法。通过面谈、电话询问及邮寄书面询问等方法获取情报。询问法将要调查的内容告诉被调查者，并请其认真回答，从而获得满足自己需要的情报资料。

（2）查阅法。通过网络查询，查阅各种书籍、刊物、专刊、样本、目录、广告、报纸、录音、论文等，来寻找与调查内容有关的情报资料。

（3）观察法。通过派遣调查人员到现场直接观察搜集情报资料。这就要求调查人员十分熟悉各种情况，并要求他们具备较敏锐的洞察力和工程问题、分析问题的能力。运用这种方法可以搜集到第一手资料。同时可以采用录音、摄像、拍照等工具协助搜集。

（4）购买法。通过购买元件、样品、模型、样机、产品、科研资料、设计图纸、专利等来获取有关的情报资料。

（5）试销试用法。将生产出的样品采取试销试用的方式来获取有关情报资料。利用这种方法，必须同时将调查表发给试销试用的单位和个人，请他们把试用情况和意见随时填写在调查表上，调查表按规定期限收回。

6.2.4 功能分析

当价值工程对象确定后，便着手围绕对象收集相关情报资料，然后进行功能分析。功能分析是价值工程的核心和基本内容，包括功能整理和功能评价，现分述如下：

1．功能整理

功能整理是根据功能之间的逻辑关系，将产品的各功能按照一定的程序进行系统的整理和排序，以便从局部功能和整体功能的依存关系上分析问题，达到掌握必要功能和发现不必要功能的目的。

（1）功能整理的目的。①建立功能体系；②确定真正要求的功能；③发现不必要的功能；④检查功能定义的正确性；⑤明确改进对象的等级和功能区域；⑥检查原设计的系统性。

（2）功能整理的方法。一般采用由美国兰德公司的查尔斯·拜泽威（Charles Bytheway）提出的功能分析系统技术（Function Analysis System Technique，FAST），其主要步骤如下：①明确产品的基本功能和辅助功能；②明确产品功能之间的关系（上下关系和并列关系）；③对功能定义作必要的修改和补充；④绘制功能系统图。

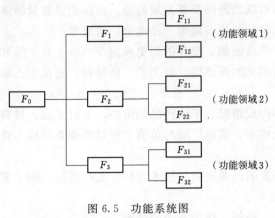

图 6.5 功能系统图

按树枝状从左往右排，将上位功能排列在左边，下位功能排列在右边，最上位功能排列在最左边；并列关系功能并排排列；通过"目的——手段"关系把功能之间关系系统化。功能系统图的一般形式如图 6.5 所示。

在功能系统图 6.5 中，各功能从左向右排列形成功能等级层次。F_0 为对象的一级功能；处于并列关系的 F_1，F_2，F_3 是对象二级功能；处于并列关系的 F_{11}，F_{12}，F_{21}，…，F_{32} 则是对象三级功能。目的和手段是指两个功能之间具有的直接依存的关系，如果某一功能是另一个功能的目的，而另一个功能是实现这一功能的手段，则前者被称为目的功能，后者被称为手段功能。目的功能也被称为上位功能，相应地手段功能被称为下位功能。上、下位功能强调的是功能在功能系统图中的位置，而目的功能与手段功能强调的是功能之间的关系。上、下关系是相对而言的，如 F_0 是 F_1、F_2、F_3 的目的，F_1、F_2、F_3 是实现 F_0 的手段；而 F_1 是 F_{11} 与 F_{12} 的目的，F_{11} 与 F_{12} 是实现 F_1 的手段。功能领域是指相对于整个功能系统存在的子功能系统，以该领域的最终目的功能为标准划分。如以 F_1 为最终目的的功能领域由 F_1 和 F_{11} 及 F_{12} 组成，同样 F_2、F_3 也各自构成功能领域。

现以住宅为例，其功能系统如图 6.6 所示。

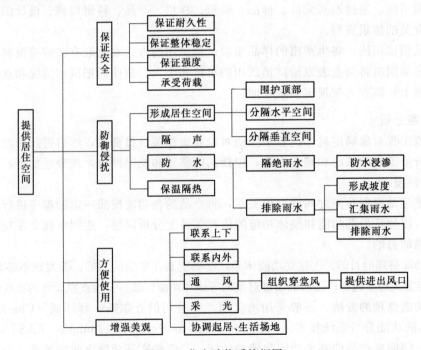

图 6.6 住宅功能系统框图

2. 功能评价

功能整理是对功能作定性分析，而功能评价是对功能作定量分析，是定量地表示功能的大小和重要程度。

（1）功能评价的主要步骤：①确定功能的现状成本 C 或成本系数 CI；②确定功能评价值 FC 或功能重要性系数 FI；③确定功能价值 V 或功能价值系数 VI；④计算改善期望值，即成本降低幅度 $\Delta C = C - FC$；⑤根据对象价值的高低及成本降低幅度的大小，确定改进的重点或优先次序。

（2）功能评价的方法。根据功能量化方法的不同，功能评价的方法可以分为两大类：功能评价成本法和功能评价系数法。

1）功能评价成本法。功能评价成本法是由麦尔斯最先提出来的，他认为任何功能的获得或实现都要付出一定的费用，因此可以把所有功能都转化为费用（成本），即功能被定量地表示为实现这一功能所需要的成本金额。这样，式（6.1）可以表示为

$$V_i = \frac{FC_i}{C_{0i}} \tag{6.6}$$

式中　V_i——评价对象 i 的功能价值；

$\quad\ FC_i$——评价对象 i 实现功能的最低成本，也称为目标成本或功能评价值；

$\quad\ CO_i$——评价对象 i 的现状成本，也称为实际成本。

功能评价成本法中功能改进对象的确定是依据功能价值 V 和降低成本幅度 $\Delta C = C_0 - FC$ 两个方面进行的，即综合考虑价值评价和成本评价。成本评价以 $|\Delta C|$ 大者为优先改进对象，而价值评价则依据功能价值 V 的取值，功能价值 V 的取值可能出现以下三种情况：

$V \approx 1$，说明功能的现状成本与实现该功能的最低成本基本一致，是比较理想的。

$V < 1$，说明功能的现状成本比实现该功能的最低成本高出很多，这项功能应当成为改进对象。

$V > 1$，说明功能的现状成本小于实现该功能的最低成本，因此需要增加成本使之达到用户所要求的功能水平。

a. 功能现状成本 C_0 的确定。根据收集的产品各零部件的成本数据，将零部件的成本按一定的比例关系分摊到各项功能上去，再将实现同一功能的零部件所分摊的成本累加即得到功能的现状成本。

b. 功能评价值 FC 的确定。功能评价值的确定，常用的有以下几种方法：

（a）经验估计法。经验估计法是邀请一些有经验的专家，由他们对各种可能方案进行成本估计，各方案的估算成本取专家估计成本的平均值，再从中取最低的估算成本作为功能评价值。

（b）理论价值标准法。理论价值标准法是根据工程计算公式和费用定额资料，对功能成本中的某些费用进行定量计算的方法。例如，对于某个施工方案，根据工时定额和人工费用资料，可以计算出某些加工功能的最低费用。

（c）实际价值标准法（实际调查法）。实际价值标准法是将企业内、外能达到相同功能的现有产品作详细比较，从中选取能够实现产品功能的最低成本作为功能评价值的一种

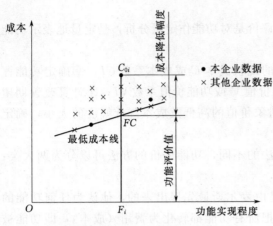

图 6.7 实际价值标准分析图

方法。该方法的主要步骤是：①收集成本资料及功能水平的各项指标资料；②统一对比标准，将成本资料按功能条件的实现程度分类；③以功能实现程度为横坐标，成本为纵坐标绘制坐标图，并定出最低成本线；④确定功能评价值。如图 6.7 所示，C_{0i} 是与功能 F_i 对应的本企业的现状成本点，FC 是实现 F_i 的最低成本，在确保功能的条件下，可以实现成本降低幅度的大小为 $C_{0i} - FC$。

【例 6.4】某工程有 6 项分项工程，各分项工程的目标成本及原设计成本如表 6.13 所示。根据表 6.13 中的数据计算得到各分项工程的功能价值及成本降低幅度，然后综合这两项指标进行改进对象的选择。

表 6.13　　　　　　　　　　　某工程功能评价分析表

分项工程	原设计现状成本/万元	目标成本/万元	功能价值	成本降低幅度/万元	改进次序
F1	35	32	0.914	3	5
F2	30	30	1.000	0	—
F3	24	28	1.167	−4	1
F4	45	40	0.889	5	3
F5	55	50	0.909	5	4
F6	66	60	0.909	6	2
合计	255	240		15	

【解】从功能价值判断 F1、F3、F4、F5、F6 均应成为改进对象，考虑到改进对象的成本降低幅度的数值相差不大，而 F3 是由于成本偏低造成功能不足，因此从着重提高产品质量的角度出发，将 F3 列为首先应该被改进的对象。F1、F4、F5、F6 的功能价值比较接近，可以按 ΔC 的大小进行排序，对 ΔC 相同的 F4、F5，则按其功能价值高低排序。从上述分析可以知道，价值工程追求的是功能与成本的合理匹配，而不是一味追求成本的降低。

2）功能评价系数法（相对值法）。功能评价系数法是通过对功能的相对重要程度进行评分来确定其功能重要性系数，然后根据功能重要性系数和成本系数计算功能价值系数，从而进一步确定评价对象目标成本的方法。在功能评价系数法中式（6.6）又可以表示为

$$VI_i = \frac{FI_i}{CI_i} \tag{6.7}$$

$$FI_i = \frac{FS_i}{\sum FS_i}$$

$$CI_i = \frac{C_i}{\sum C_i}$$

式中 VI_i——评价对象 i 的价值系数；

　　　FI_i——评价对象 i 的功能重要性系数，其中，FS_i 为评价对象 i 的功能评分值；

　　　CI_i——评价对象 i 的成本系数，其中，C_i 为评价对象 i 的现状成本。

　　a. 功能重要性系数 FI_i 的确定。确定功能重要性系数 FI_i 的实质是如何确定功能评分值，其计算的方法很多，这里介绍 "04" 评分和环比评分这两种常用的方法。

　　(a) "04" 评分法。"04" 评分法是本章中 "01" 评分法的改进方法，克服了 "01" 评分法不能准确反映评价对象之间相对重要性的差异程度这一缺陷。其对 "01" 评分法的改进体现在评分标准上：①相对非常重要的对象得 4 分，另一个很不重要的对象得 0 分；②相对比较重要的对象得 3 分，另一个不太重要的对象得 1 分；③两个对象相对同等重要时，则各得 2 分；④自身相比可得 1 分或不得分，以不得分为常见。

　　(b) 环比评分法。环比评分法也称 DARE（Decision Alternative Ratio Evaluation System）法，现以表 6.14 说明其实施的步骤。

表 6.14　　　　　　　　　　　　环比评分功能重要性系数计算表

评价对象	暂定相对比值	修正比值	功能重要性系数
F1	2.0	2.8	0.32
F2	0.4	1.4	0.16
F3	3.5	3.5	0.40
F4		1	0.12
合计		8.7	1.00

　　表 6.14 中的评价对象可以任意排序，也常以便于对比的顺序排列，如可以按重要性大小排序。然后由上而下确定相邻评价对象的相对重要性比值，如表 6.14 中认为 F1 比 F2 重要 2 倍。以末位排序的评分对象为基准，一般设其重要性得分为 1，由下而上计算修正比值，如 F3 的修正比值为 $1×3.5=3.5$，F2 的修正比值为 $3.5×0.4=1.4$。视修正比值为各对象的重要性得分，以各对象修正比值与合计得分相比的方法计算对象的功能重要性系数，如 F1 的功能重要性系数为 $\frac{2.8}{8.7}=0.32$。

　　b. 对象目标成本的确定。目标成本的确定分新产品设计和老产品改进设计两种情况。

　　(a) 新产品设计。可以依据事先确定的总体目标成本，按功能重要性系数分配各功能对象的目标成本，即采用下式计算

$$FC_i = TC \cdot FI_i \qquad (6.8)$$

式中 FC_i——对象 i 的目标成本；

　　　TC——目标成本总额；

　　　FI_i——对象 i 的功能重要性系数。

　　(b) 老产品改进设计。将已有的总体现状成本按功能重要性系数进行再分配，可能出现下列三种结果：①新分配成本等于现状成本，则现状成本即为目标成本；②新分配成本小于现状成本，则新分配成本为目标成本；③新分配成本大于现状成本，则要具体分析。

如果是由于现状成本过低而不能保证必要功能，则应以新分配成本作为目标成本；如果是由于功能重要性系数定得过高而产生了多余功能，则应调整重要性系数后再次分配成本；如果不是上述两种情况，则以现状成本作为目标成本。

【例 6.5】 某老产品改进设计的功能评价，各功能的现状成本及重要性系数如表 6.15 所示，试确定各功能的目标成本及其成本改善期望值，并对改进对象的确定进行分析。

【解】 各功能的目标成本及其改善期望值的计算如表 6.15 所示，F1 属于新分配成本大于现状成本的情况，经具体分析认为是目前成本过低而不能保证必要功能这一情况，因此以新分配成本作为目标成本。改进对象的确定同样依据价值系数 VI_i 和改善期望值 $|\Delta C|$ 的大小作综合判断。由于各功能的价值系数相差不大且接近于 1，而功能 F2 和 F4 的改善余地不大，因此确定的改进重点是功能 F1 和 F3。

表 6.15   **某老产品改进设计的功能评价分析表**

功能领域	现状成本	重要性系数	成本系数	价值系数	成本分配	目标成本	改善期望值	改进重点
①	②	③	④=②/∑②	⑤=③/④	⑥=1121×③	⑦	⑧=②−⑦	⑨
F1	495	0.48	0.44	1.091	538.08	538.08	−43.08	√
F2	372	0.32	0.33	0.970	358.72	358.72	13.28	
F3	203	0.16	0.18	0.889	179.36	179.36	23.64	√
F4	51	0.04	0.05	0.800	44.84	44.84	6.16	
合计	1 121	1.00	1.00		1121	1121		

（c）基点分析法。在前述功能评价系数法中，当价值系数 $VI_i \approx 1$ 时，对象的功能与成本被认为是相匹配的，而在其他情况下认为对象的功能与成本不匹配，但按这一准则指示的具体改进对象并不准确。这是因为在计算评价对象 i 的价值系数 VI_i 时，采用的计算公式是

$$VI = \frac{FI_i}{CI_i} = \frac{\dfrac{FS_i}{\sum FS_i}}{\dfrac{C_i}{\sum C_i}} \tag{6.9}$$

即 $\sum FS_i$ 和 $\sum C_i$ 对每一个评价对象都产生影响，也就是说，在计算 VI_i 时，功能评价系数法将除评价对象 i 以外的所有 FS 和 C 的偏差都包括进去了。由我国浙江大学的马庆国教授提出的基点分析法克服了这一缺陷，方法要点如下：

a）找出基点功能，计算基点系数 α。所谓基点功能是指功能重要性程度与其成本水平相符合的功能，那么，可以依据实际成本和功能评分计算其基点系数

$$\alpha = \frac{C_{i0}}{FS_{i0}} \tag{6.10}$$

式中 C_{i0}——基点功能的实际成本；

      FS_{i0}——基点功能的重要性评分。

在实际工作中，可能会找出多个基点功能，此时可以取它们的平均值来计算基点系数

$$\alpha' = \frac{1}{m} \sum_{i=1}^{m} \frac{C_{i0}}{FS_{io}} \tag{6.11}$$

式中　m——可能的基点功能的数量；

　　　　α'——虚基点系数。

　b）计算基点价值系数 VI_i'。

$$VI_i'=\alpha\frac{FS_i}{C_i}\text{ 或 }VI_i'=\alpha'\frac{FS_i}{C_i}\qquad(6.12)$$

　c）求目标成本 FC_i 及成本改善期望值 ΔC_i。

$$FC_i=\alpha FS_i\text{ 或 }FC_i=\alpha'FS_i\qquad(6.13)$$

$$\Delta C_i=C_i-\alpha FS_i\text{ 或 }\Delta C_i=C_i-\alpha'FS_i\qquad(6.14)$$

　d）按 VI_i' 和 ΔC_i 进行评价对象选择，判断标准同前述。

【例6.6】 某建筑产品有5个构配件，其功能评分与实际成本如表6.16所示。试运用基点法计算价值系数和成本改善期望值。

表6.16　　　　　　　　　　　**某建筑产品功能评价基点法分析表**

构配件	功能评分	实际成本/元	基点系数	价值系数	目标成本/元	改善期望值/元
A	4	100		0.80	80	20
B	3	60		1.00	60	0
C	5	140	$\alpha=20$	0.71	100	40
D	2	25		1.60	40	−15
E	1	60		0.33	20	40
合　计	15	385			300	

【解】 经分析，构配件D的成本与功能匹配较合理，因此选其作为基点。其他计算见表6.16。经改进后，各构配件的功能与成本均相匹配，价值系数均达到1。但如果构配件D属于功能特别重要而成本较低的特殊情况，则其目标成本应为25元，成本改善期望值为0，这样构配件D的价值系数就不为1。

6.2.5　方案的创造和评价

1. 方案的创造

经过功能评价，确定了目标成本之后就进入改进方案的创造和评价阶段。方案创造是利用掌握的知识和经验，通过分析和综合，构思出新的功能方式，用以更好地实现功能要求的过程。据相关资料统计，目前世界上已有300多种方案创造的方法应用于各国，下面介绍的是几种有代表性的方法。

（1）头脑风暴法（Brain Stormin，简称BS法）。BS法由美国BBD0广告公司的奥斯本于1941年首创。不同于普通的会议法，BS法这种会议法一般由5～10人参加，并且规定了四条规则：①不批评别人的意见；②鼓励自由奔放的思考；③提出的方案越多越好；④希望结合别人意见提出设想。利用这种方法，打破常规、创造性地思考问题，抓住瞬时的灵感或意识得到新的构思方案。与会者瞬间的见解往往会诱导出创造性的思想火花，因此可能收到极好的效果。这种方法的特点是简单易行，且能互相启发，集思广益，比同样人数单独提方案的效果高70%，其缺点是会后整理工作量大。

（2）哥顿法（模糊目标法）。哥顿法由美国人哥顿（W. I. J. Gorden）于1964年提出，其特点是将要研究的问题适当抽象，摆脱现有事物对思维的束缚，便于开拓思路，从而得到一些常规方法难以得到的方案。其要点是：会议开始时，主持人只向专家提出一个抽象化问题，要求大家对抽象的问题自由地提出解决方案，当讨论到适当的程度后，再提出具体问题，与会者再具体思考，舍弃不可行方案，对可行方案作进一步研究。

（3）问题列举法。问题列举法是用列举问题来提示、诱发人们创新构思的一种方法，一般以会议形式进行。根据列举的问题可以分为：

1）特性列举法。这种方法是将产品的特性，如结构、功能、材料等，逐项列举出来，然后根据这些特性提出改进方案。

2）缺点列举法。用调查产品缺点的方法，请各方面专家提出产品的缺点，并针对这些缺点提出改进方案，所以又称为"专挑毛病法"。

3）希望列举法。这种方法是将对产品功能的要求和希望都提出来作为价值工程的目标，启发人们更好地构思，进而由构思勾画出方案。

（4）专家函询法（德尔菲法）。专家函询法不采用开会的形式，而是由主管人员或部门把预想方案以信函的方式分发给相关的专业人员，征询他们的意见，然后将意见汇总、统计和整理之后再分发下去，希望再次得到补充修改。如此反复若干次，即经过几上几下，把原来比较分散的意见在一定程度上使其内容集中一致，最终形成统一的集体结论，作为新的代替方案。

（5）输入输出法。输入输出法是美国通用公司在产品设计阶段使用的一种方法。输入是指研究对象的初始状态，输出是指对象的功能目的。该方法首先给定实现功能的要求事项，即制约条件，然后设想输入与输出之间有无联系。如果没有联系，就要思考输入能与什么事物联系？通过什么手段才能达到输出的目的？这样逐渐深入地接近所需要达到的目的，对每一步都要作出评价并随时去掉不可行的方案。

2．方案评价

方案评价是从技术、经济和社会等方面评价所提出的各种方案，看其能否实现预期的目标，然后从中选择最佳方案的过程。方案评价包括概略评价和详细评价两个层次，其评价内容基本相同，只是深浅程度有别。

（1）概略评价。概略评价的目的是对方案进行初步筛选，将一些价值明显不高的方案先行排除，保留价值较高的少数方案，以减少进一步评价所耗费的人力和时间。概略评价主要内容有以下几个方面：

1）技术评价。围绕"功能"所进行的评价，主要是评价方案能否满足功能的要求，以及技术上的完善性和可能性。

2）经济评价。围绕经济效果所进行的评价，主要是评价有无降低成本的可能和能否实现预定的目标成本。

3）社会评价。围绕社会效益进行评价，主要是评价是否符合国家规定的各项政策、法令、标准以及与社会其他事业有无矛盾等。

4）综合评价。将上述三方面结果加以综合，比较优劣，得出结论。

（2）详细评价。将概略评价后保留下来的方案具体化后，就进入详细评价阶段，目的是对具体化的方案作最后的审查和评价，评价内容同样包括技术评价、经济评价、社会评价和综合评价，只是内容和方法都较为复杂。综合评价有定性评价和定量评价两类方法，由于定性评价方法缺乏足够的说服力，实践中较多采用的是定量评价方法，下面介绍几种常用的定量评价方法。

1）加法评分法与连乘评分法。加法评分法与连乘评分法首先要求拟定评价指标，再将每一评价指标分成若干等级，对每一等级规定一个评分标准（重要项目的评分标准要高些）。对拟定的各种方案均按照同样的评分标准打分，最后将所得分数相加或连乘，得出总分，总分最高者为最优方案。加法评分法与连乘评分法所得结果相同，但连乘评分法能把各方案之间的分差拉开，对比明显，便于选择。如表 6.17 所示为两种评价方法的示例，四个方案中确定 A 方案为最优方案。

表 6.17　　　　　　　　　加法评分与连乘评分计算表

评价项目			评价方案			
评价指标	评价等级	评分标准	A	B	C	D
产品功能	①满足用户要求； ②基本满足用户要求； ③仅能满足用户最低要求	5 4 3	5	4	3	4
成　　本	①低于外企业同类产品的成本； ②低于本企业原有产品的成本； ③与本企业原有产品的成本相同	3 2 1	2	3	2	2
产品销路	①产品销路大、地域广； ②销路中等； ③销路小	3 2 1	3	2	3	3
产品方向	①符合国家及企业目标； ②符合当前要求； ③不符合国家长远规划	3 2 1	3	2	1	1
加法合计 连乘合计			13 90	11 48	9 18	10 24

2）加权评分法。加权评分法用权数大小表示各评价指标的相对重要程度，用满意程度评分表示某方案的某项指标水平的高低，通过满意程度评分与相应的权数相乘后累计求和的方法得到各方案的加权评分和，以加权评分和大的方案为相对优方案。例如，如表 6.18 所示的某一建筑设计的方案优选问题，根据加权评分法确定的最优方案为 A 方案。

表 6.18　　　　　　　　　加权评分计算表

方案	评价指标										方案的加权平均和
	适用		美观		安全可靠		维修性		造价		
	权重系数	满意度评分（10分制）	权重系数	满意度评分（10分制）	权重系数	满意度评分（10分制）	权重系数	满意度评分（10分制）	权重系数	满意度评分（10分制）	
A	0.4	9	0.1	8	0.2	9	0.1	7	0.2	8	8.5
B		8		7		7		9		7	7.6
C		7		8		9		8		8	7.8
D		6		8		9		9		8	7.4

3）技术经济价值法。一般而言，技术性指标和经济性指标在方案评价中相对于其他指标而言更为重要，技术经济价值法是用技术价值和经济价值来对方案进行评价的方法，该方法的步骤如下：

a. 确定技术评价值 X。

$$X = \frac{\sum_{j=1}^{n} P_j}{n P_{\max}} \qquad (6.15)$$

式中　P_j——方案的第 j 个技术评价指标的实际得分值；

　　　$P_{\max}$——理想方案的技术评价指标得分值；

　　　n——技术评价指标的个数。

b. 确定经济评价值 Y。

$$Y = \frac{H_i - H}{H_i} \qquad (6.16)$$

式中　H_i——原有成本；

　　　H——新方案的预计成本。

c. 确定综合评价值 K。

$$K = \sqrt{XY} \qquad (6.17)$$

d. 确定最优方案。以 K 值最高的方案为最优方案。

【例 6.7】已知某产品的生产方案有甲、乙、丙三种，其技术评价指标为 A、B、C、D、E 五种，技术评价得分如表 6.19 所示。该产品原有成本为 20 元一件，新方案预计成本为：甲 18 元；乙 16 元；丙 12 元。试用技术经济价值法确定最优方案。

表 6.19　　　　　　　　　　　某产品各生产方案技术得分表

技术评价指标	甲方案	乙方案	丙方案	理想方案
A	3	3	1	4
B	4	3	2	4
C	3	2	1	4
D	3	2	2	4
E	1	3	0	4

【解】（1）确定技术评价值 X：$X_{甲} = \frac{14}{5 \times 4} = 0.7$；同理，$X_{乙} = 0.65$，$X_{丙} = 0.3$。

（2）确定经济评价值 Y：$Y_{甲} = \frac{20 - 18}{20} = 0.1$；同理，$Y_{乙} = 0.2$，$Y_{丙} = 0.4$。

（3）确定综合评价值 K：$K_{甲} = \sqrt{0.7 \times 0.1} = 0.26$；同理，$K_{乙} = 0.36$，$K_{丙} = 0.35$。

（4）确定最优方案：乙方案的综合评价值最大，故为最优方案。

3. 提案审批和实施

（1）提案审批。经过综合评价选出的方案，是价值工程人员向主管部门推荐的拟实施的方案。为了使方案得到上级主管部门的认可，需要将方案实施等问题写成提案形式，报送相关部门审批。提案一般包括以下内容：

1）价值工程课题、内容摘要及工作小组成员。

2）功能分析的结论，新方案与原设计（或产品）在基本功能和辅助功能上人们在满意程度方面的差别，以及产品质量、结构等方面的区别。

3）成本分析结果，对比成本额，预测企业经济效益和社会效益。

4）功能评价的结论、价值提高的情况。

5）技术、经济上尚存问题的说明。

6）重要的实验结果、相关的情报、资料、图纸和数据等，可以附在相关内容之后，或作为提案的附件。

（2）方案实施。如果提案通过审批，就要拟定计划，组织实施。一般从以下四个方面对方案的实施作出具体的安排和落实：

1）组织落实。把具体的实施方案落实到部门和相关人员。

2）经费落实。落实经费的来源及使用方法。

3）条件落实。做好物资、装备的准备。

4）时间落实。妥善安排实施方案的始、末时间及各阶段的时间。

（3）价值工程活动成果的评价。整个价值工程活动结束后，要以经济效果对其成果进行总结和评价，这种总结和评价是改进后产品正式投产的前提条件，评价的指标主要有下列几项：

1）成本降低率＝（改进前单位成本－改进后单位成本）/改进前单位成本×100％。

2）全年净节约额＝（改进前成本－改进后成本）×年产量－价值工程活动经费。

3）节约倍数＝全年净节约额/价值工程活动经费。

6.3 价值工程的应用

某企业生产的多用途活动房屋，采用屋面板、外墙板、内隔板、楼板等大型板材装配而成，具有结构牢靠、安装快、重量轻、占地省、隔热保温性能好等优点，但也存在造价高、运输不便的缺点。为扩大销路，该企业决定对产品进行改进，为此确定的目标是在保证必要功能的基础上降低生产成本。

6.3.1 价值工程对象的选择

根据多用途活动房屋造价的构成特点，价值工程小组运用 ABC 法对各项费用进行分析，如表 6.20 所示。最后将 A 类的材料费作为价值工程活动的对象。

表 6.20　　　　　　　　　某企业生产成本的 ABC 分析表

序　号	ABC 分类	内　容	项　目　数		成　本	
			项　数	占总数/%	金额/元	占总费用/%
1	A	材料费	1	14.285	87 574.28	70.39
2	B	人工费	1	14.285	20 613.55	16.57
3	C	其他费用	5	71.430	16 228.17	13.04
合　计			7	100.000	124 416	100.00

6.3.2 功能分析

价值工程人员首先对多用途活动房屋的 12 个主要构配件的功能进行分析，通过回答"该构配件是干什么用的？"的问题来定义各个构配件的功能。各主要构配件的功能定义如表 6.21 所示。通过回答"怎样实现这个功能？"的问题进一步确定各个构配件的下列功能。

表 6.21　　　　　　　　　　　　主要构配件的功能定义表

序　号	构配件名称	功能定义	序　号	构配件名称	功能定义
1	屋面板	遮蔽顶部	7	门	方便进、出
2	外墙板	围护室内空间	8	连接件	方便拆、装
3	内墙板	分隔内部	9	电器	方便用电
4	楼板	分隔上、下空间	10	走廊	联系交通
5	楼梯	联系上、下	11	地框	承受荷载
6	窗	采光通风	12	包装箱	安全运输

价值工程小组对多功能的材料采用专家多人评分的办法进行功能费用分摊，从而取得了各功能的现状成本及相应的成本系数，并且在功能评分的基础上确定了各功能的重要性系数，进而计算得到各功能的价值系数，如表 6.22 所示。目标成本的制定采用实际调查法与经验分析相结合的办法，最终确定的总目标成本为 74439.96 元，将其按功能重要性系数分配可以得到各功能的目标成本。价值工程小组在深入研究的基础上经过多次论证确定的改善对象及其先后次序为：F2、F1、F4、F3。

表 6.22　　　　　　　　　　　　功 能 评 价 计 算 表

序号	构配件名称	功能项目	功能重要性系数	现状成本/元	成本系数	价值系数	目标成本/元	成本降低幅度/元
1	屋面板	F1	0.16	18 878.90	0.216	0.74	11 910.39	6 968.51
2	外墙板	F2	0.15	29 183.75	0.333	0.45	11 165.99	18 017.76
3	内墙板	F3	0.10	11 650.85	0.133	0.75	7 444.00	4 206.85
4	楼板	F4	0.13	16 136.08	0.184	0.71	9 677.19	6 458.89
5	楼梯	F5	0.09	1 339.47	0.015	6.00	6 699.60	−5 360.13
6	窗	F6	0.06	2 044.00	0.023	2.61	4 466.40	−2 422.40
7	门	F7	0.08	2 176.00	0.025	3.20	5 955.20	−3 779.20
8	连接件	F8	0.05	62.73	0.001	50.00	3 722.00	−3 659.27
9	电器	F9	0.06	1 320.00	0.015	4.00	4 466.40	−3 146.40
10	走廊	F10	0.04	3 125.43	0.036	1.11	2 977.60	147.83
11	地框	F11	0.05	1 129.07	0.013	3.85	3 722.00	−2 592.93
12	包装箱	F12	0.03	528.00	0.006	5.00	2 233.20	−1 705.20
	合计		1.00	87 574.28	1.000		74 439.96	13 134.32

6.3.3　确定改进方案及其评价

对作为价值工程分析对象的 F2、F1、F4、F3 四项功能领域,在其各自的子功能中分别进行功能成本及目标成本计算,找出价值系数小于 1 的子功能,作为改善价值、降低成本的对象。活动房屋价值改善目标可以归纳为承受荷载、保护壁板、保温隔热、美观及形成壁板等功能。通过在生产单位组织运用"头脑风暴法",共获得改进方案 31 个。对这31 个改进方案,邀请专家作出初步评价,排除了目前不具备条件的 16 个方案。通过对全国同类生产厂家的调查,落实了所提出的功能改造方案的可行性,在对各种可行方案进行组合并考虑其经济上的合理性后,最终得到 4 个技术、经济均可行的组合方案,通过加权评分法对这 4 个方案进行评价,评价过程如表 6.23 所示,组合方案 Ⅱ 的加权得分值最高,为最优方案。在对采用组合方案 Ⅱ 的材料节约效果进行估算后,价值工程小组认为在多用途活动房屋的改进设计中应用价值工程可以收到显著降低成本的效果。

表 6.23　　　　　　　　　　　　　　　　组合方案评价计算表

方案	评价指标										方案的加权平均和
	适用		美观		安全可靠		维修性		造价		
	权重系数	满意度评分(百分制)	权重系数	满意度评分(百分制)	权重系数	满意度评分(百分制)	权重系数	满意度评分(百分制)	权重系数	满意度评分(百分制)	
Ⅰ	0.4	72	0.1	81	0.2	90	0.1	78	0.2	75	77.7
Ⅱ		85		90		80		80		90	85.0
Ⅲ		65		70		88		75		72	72.5
Ⅳ		82		90		80		80		85	82.8

习　　题

1. 什么是价值工程?简述其工作程序。

2. 试论述功能评价的概念、作用及计算方法。

3. 简述方案评价的基本内容。

4. 某建筑产品包括 13 种构配件,其成本数据如表 6.24 所示,试用 ABC 分析法选择价值工程研究对象,并绘制 ABC 分析图。

表 6.24　　　　　　　　　　　　　　　　各构配件的成本数据

构配件名称	a	b	c	d	e	f	g	h	i	j	k	l	m
件数	1	1	2	2	10	1	1	1	1	1	1	2	1
单件成本/元	342	261	206	161	180	73	67	33	32	19	11	10	8

5. 某建筑产品功能评分与实际成本如表 6.25 所示,经分析对象 D 的功能评分和成本比较匹配,试运用基点法计算价值系数和成本改善期望值。

表 6.25　　　　　　　　　**某建筑产品功能评分与实际成本**

评价对象	A	B	C	D	E	F
功能评分	60	18	25	8	58	20
实际成本/元	203.45	77.35	92.95	25.00	162.50	75.10

6. 某产品的 4 个功能领域的重要程度系数及现状成本列于表 6.26 中，若总目标成本为 900 元，现要对其进行功能评价，并按成本降低幅度大小选择改善对象，试完成表 6.26。

表 6.26　　　　　　　　　**某产品的 4 个功能领域的各项数据**

功能	现状成本/元	重要程度系数	成本系数	目标成本/元	价值系数	成本降低幅度/元	改善先后顺序
F1	572	0.47					
F2	288	0.32					
F3	144	0.16					
F4	125	0.05					

第7章 工程项目财务评价

【学习目标】

通过本章学习，熟悉固定资产投资和流动资产投资的构成及估算方法，掌握工程项目收益估算的过程和方法。

7.1 工程项目的投资估算

按照我国现行的项目投资管理规定，工程建设项目投资的估算包括固定资产投资估算和流动资金的估算。

7.1.1 固定资产投资的构成及估算方法

固定资产投资估算包括固定资产投资、固定资产投资方向调节税和建设期利息3项内容，分别对上述3项内容估算或计算后即可以编制固定资产投资估算表。而工程项目固定资产投资按照占用性质划分，可分为建筑安装工程费、设备及工器具购置费、工程建设其他费用、基本预备费、涨价预备费、固定资产投资方向调节税和建设期利息等内容。根据国家发改委对固定资产投资实行静态控制、动态管理的要求，又将固定资产投资分为静态投资和动态投资两部分。其中固定资产投资静态部分包括建筑安装工程费、设备及工器具购置费、工程建设其他费用及基本预备费等内容；固定资产投资动态部分包括涨价预备费、固定资产投资方向调节税、建设期借款利息，在概算审查和工程竣工决算中还应考虑国家批准新开征的税费和建设期汇率变动等内容。

1. 固定资产投资估算的构成

（1）固定资产投资。固定资产投资是指为建设或购置固定资产所支付的资金。一般建设项目固定资产投资包括3部分：工程费用、工程其他基本建设费用和基本预备费用。

1）工程费用。工程费用是指直接构成固定资产的费用，包括主要生产工程项目、辅助生产工程项目、公共工程项目，服务性工程项目、生活福利设施及厂外工程等项目的费用。工程费用又可分为建筑安装工程费用（详细内容参考《投资项目经济咨询评估指南》附录一所示内容）、设备购置费用（由设备购置费和工器具、生产家具购置费组成）、安装工程费用。

2）工程其他基本建设费用。其他基本建设费用是指根据有关规定应列入固定资产投资的除建筑工程费用和设备、工器具购置费以外的一些费用，并列入工程项目总造价或单项工程造价的费用。

其他基本建设费用包括土地征用费、居民迁移费、旧有工程拆除和补偿费、生产职工培训费、办公和生活家具购置费、生产工器具及生产家具购置费、建设单位临时设施费、工程监理费、工程保险费、工程承包费、引进技术和进口设备其他费用、联合试运转费、研究试验费、勘察设计费、施工安全技术措施费等。

3）预备费用。预备费用是指在项目可行性研究中难以预料的工程费用，包括基本预备费和涨价预备费。基本预备费是指在初步设计和概算中难以预料的费用。涨价预备费是指从估算年到项目建成期间内预留的因物价上涨而引起的投资费增加数额。

（2）固定资产投资方向调节税。建设项目固定资产投资方向调节税，是根据《中华人民共和国固定资产投资方向调节税暂行条例》和《中华人民共和国固定资产投资方向调节税暂行条例实施细则》的规定计算的固定资产投资方向调节税。固定资产投资方向调节税的重点是计税基数和税率的取值是否正确。

投资方向调节税依据下面的公式计算：

$$投资方向调节税税额＝计税依据×税率 \qquad (7.1)$$

式中的计税依据以固定资产投资项目实际完成投资额为计税基数。

投资项目实际完成投资额包括建筑工程费、设备及工器具购置费、安装工程费、其他费用及预备费。但更新改造项目是以建筑工程实际完成的投资额为计税依据，固定资产投资方向调节税根据国家产业政策确定的产业发展序列和经济规模的要求，实行差别税率，对基本建设项目投资适应税率的具体规定如下。

1）国家急需发展的项目投资，如农业、林业、水利、能源、交通、通信、原材料、科教、地质、勘探、矿山开采等基础产业和薄弱环节的部门项目投资，适用零税率。

2）对国家鼓励发展但受能源、交通等制约的项目投资，如钢铁、化工、石油、水泥等部分重要原材料项目，以及一些重要机械、电子、轻工工业和新型建材的项目，实行5％的税率。

3）为配合住房制度改革，对城乡个人修建、购买住宅的投资实行零税率；单位修建、购买一般性住宅投资，实行5％的低税率；对单位用公款修建、购买高标准独门独院、别墅式住宅投资，实行30％的高税率。

4）对楼堂管所以及国家严格限制发展的项目投资，课以重税，税率为30％。

5）对不属于上述4类的其他项目投资，实行中等税负政策，税率15％。

根据工程投资分年用款计划，分年计算投资方向调节税，列入固定资产投资总额，建设项目竣工后，应计入固定资产原值，但不作为设计、施工和其他取费的基数。

目前固定资产投资方向调节税暂不征收。

固定资产投资估算的主要依据有：项目建议书，建设规模、产品方案；设计方案、图样及设备明细表；设备价格、运杂费用率及当地材料预算价格；同类型建设项目的投资资料及有关标准、定额等。

（3）建设期利息。建设期利息是指建设项目建设中有偿使用的投资部分，在建设期内应偿还的借款利息及承诺费。除自有资金、国家财政拨款和发行股票外，凡属有偿使用性质的资金，包括国内银行和其他非银行金融机构贷款、出口信贷、外国政府贷款、国际商业贷款、在境内外发行的债券等，均应计算建设期利息。

建设期利息应考虑的重点是借款分年用款额是否符合项目建设的实际情况，利率的计算是否符合贷款条件，利息额的计算是否有低估现象。

项目建设期利息，按照项目可行性研究报告中的项目建设资金筹措方案确定的初步贷款意向规定的利率、偿还方式和偿还期限计算。对于没有明确意向的贷款，按项目适用的现行一般（非优惠）贷款利率、期限、偿还方式计算。

借款利息计算中采用的利率，应为有效利率。有效利率与名义利率的换算公式为：

$$有效年利率 = \left(\frac{1+r}{m}\right)^m - 1 \tag{7.2}$$

式中　r——名义年利率；

　　　m——每年计息次数。

建设期利息按复利计息，当年借款按半年计息，上年借款按全年计息。计算公式为：

$$本年应计利息 = \left(年初借款累计金额 + \frac{当年借款额}{2}\right) \times 年利率 \tag{7.3}$$

国外借款利息的计算中，还应包括国外贷款银行根据贷款协议向借款方以年利率的方式收取的手续费、管理费、承诺费；以及国内代理机构经国家主管部门批准的以年利率的方式向贷款单位收取的转贷费、担保费、管理费等资金成本费用。

2. 固定资产投资估算的方法

对于项目建议书阶段固定资产投资，可采用一些简便方法估算，主要有如下几种。

（1）百分比估算法。百分比估算又分为两种。

1）设备系数法。以拟建项目的设备费为基数，根据已建成的同类项目或装置的建筑安装费和其他工程费用等占设备价值的百分比，求出相应的建筑安装及其他有关费用，其总和即为项目或装置的投资，公式如下。

$$C = E(1 + f_1 P_1 + f_2 P_2 + f_3 P_3 + \cdots) + I \tag{7.4}$$

式中　　　C——拟建项目或装置的投资额；

　　　　　E——根据拟建项目或装置的设备清单按当时当地价格计算的设备费（包括运杂费）的总和；

P_1、P_2、P_3——各已建项目中建筑安装及其他工程费用占设备费百分比；

f_1、f_2、f_3——由于时间因素引起的定额、价格、费用标准等变化的综合调整系数；

　　　　　I——拟建项目的其他费用。

2）主体专业系数法。以拟建项目中的最主要、投资比重较大并与生产能力直接相关的工艺设备的投资（包括运杂费及安装费）为基数，根据同类型的已建项目的有关统计资料，计算出拟建项目的各专业工程（总图、土建、暖通、给排水、管道、电气及电信、自控及其他工程费用等）占工艺设备投资的百分比，据此求出各专业的投资，然后把各部分投资费用（包括工艺设备费）相加求和，即为项目的总费用。其计算公式为

$$C = E(1 + f_1 P_1' + f_2 P_2' + f_3 P_3' + \cdots) + I \tag{7.5}$$

式中　P_1'、P_2'、P_3'——已建项目中各专业工程费用占工艺设备费用的百分比，其余符号含义同上式。

（2）朗格系数法。该法以设备费为基础，乘以适当系数来推算项目的建设费用。其计算公式为

$$D = C K_L \tag{7.6}$$

式中　D——总建设费用；

C——主要设备费用；

K_L——朗格系数，$KL=(1+\sum K_i)K_c$；

K_i——管线、仪表、建筑物等项费用的估算系数；

K_c——管理费、合同费、应急费等项费用的总估算系数。

这种方法比较简单，但没有考虑设备规格、材质的差异，所以精确度不高。

（3）生产能力指数法。这种方法根据已建成的、性质类似的建设项目或生产装置的投资额和生产能力及拟建项目或生产装置的生产能力估算项目的投资额。计算公式为

$$C_2 = C_1\left(\frac{A_2}{A_1}\right)^n f \tag{7.7}$$

式中　　C_2、C_1——拟建项目或装置和已建项目的投资额；

A_1、A_2——已建类似项目或装置和拟建项目的生产能力；

f——不同时期、不同地点的定额、单价、费用变更等的综合调整系数；

n——生产能力指数，$0 \leqslant n \leqslant 1$。

若已建类似项目或装置的规模和拟建项目或装置的规模相差不大，生产规模比值以 $0.5 \sim 2$ 之间，则指数 n 的取值近似为 1。

若已建类似项目或装置与拟建项目或装置的规模相差不大于 50 倍，且拟建项目的扩大仅靠增大设备规模来达到时，则 n 取值为 $0.6 \sim 0.7$；若是靠增加相同规格设备的数量达到时，n 的取值为 $0.8 \sim 0.9$。

采用这种方法，计算简单、速度快；但要求类似工程的资料完整可靠，条件基本相同，否则误差就会增大。

（4）指标估算法。对于房屋、建筑物等投资的估算，经常采用指标估算法。即根据各种具体的投资估算指标，进行单位工程投资的估算。投资估算指标的形式较多，用这些投资估算指标乘以所需的面积、体积、容量等，就可以求出相应的土建工程、给排水工程、照明工程、采暖工程、变配电工程等各单位工程的投资。在此基础上，可汇总成每一单项工程的投资。另外再估算出工程建设其他费用及预备费，即可求得建设项目总投资。

采用这种方法时要注意两点：①若套用的指标与具体工程之间的标准或条件有差异时，应加以必要的局部换算或调整；②使用的指标单位应紧密结合每个单位工程的特点，能正确反映其设计参数，切勿盲目地单纯套用一种单位指标。

3. 固定资产投资额的归集

根据资本保全的原则和企业资产划分的有关规定，投资项目在建成交付使用时，项目投入的全部资金分别形成固定资产、无形资产、递延资产和流动资产，为了保证项目财务评价中的折旧、摊销、税金等项目计算的准确性，必须对固定资产投资形成的 3 类资产进行合理的归集和分类。根据国家的有关规定，各类资产的划分标准及其价值构成如下。

（1）固定资产。使用期限超过一年，单位价值在规定标准以上（或单位价值虽然低于规定标准，但属于企业的主要设备等），在使用过程中保持原有实物形态的资产，包括房屋及建筑物、机器设备、运输设备、工具器具等。经济评估中可将建筑工程费、设备及工器具购置费、安装工程费及应分摊的待摊投资计入固定资产原值，并将建设期借款利息和固定资产投资方向调节税全部计入固定资产原值。待摊投资是指工程建设其他费用中除应

计入无形资产和递延资产以外的全部费用，包括土地征用及迁移补偿费、建设单位管理费、勘察设计费、研究试验费、建设单位临时设施费、工程监理费、工程保险费、工程承包费、供电贴费、施工迁移费、引进技术和进口设备其他费用、联合试运转费、办公及生活家具购置费、预备费、建设期利息、投资方向调节税。

（2）无形资产。企业长期使用但没有实物形态的资产，包括专利权、商标权、土地使用权、非专利技术、商誉等。项目经济评估中可将工程建设其他费用中的土地使用权技术转让费等计入无形资产。

（3）递延资产。指不能计入工程成本，应当在生产经营期内分期摊销的各项递延费用。项目经济评估中可将工程建设其他费用中的生产职工培训费、样品样机购置费及农业项目中的农业开荒费等计入递延资产价值。

4. 固定资产投资估算表及其他相关财务报表的编制

（1）固定资产投资估算表的编制。该表包括固定资产投资、固定资产投资方向调节税和建设期利息 3 项内容。分别对上述 3 项内容估算或计算后即可编制此表。

（2）固定资产折旧费估算表的编制。该表包括各项固定资产的原值、分年度折旧额与净值以及期末余值等内容。编制该表首先要依据固定资产投资估算表确定各项固定资产原值，再依据项目的生产期和有关规定确定折旧方法、折旧年限与折旧率，进而计算各年的折旧费和净值，最后汇总得到项目总固定资产的年折旧费和净值。

（3）无形资产及递延资产摊销费估算表的编制。该表的内容和编制与固定资产折旧费估算表类似。编制时，首先确定无形及递延资产的原值，再按摊销年限等额摊销。无形资产的摊销年限不少于 10 年，递延资产的摊销年限不少于 5 年。

7.1.2 建设项目流动资金的构成及估算方法

1. 流动资金的估算方法

一是扩大指标估算法，扩大指标估算法是按照流动资金占某种费用基数的比率来估算流动资金。一般常用的费用基数有销售收入、经营成本、总成本费用和固定资产投资等，究竟采用何种基数依行业习惯而定。所采用的比率根据经验确定，可按照行业或部门给定的参考值确定。也有的行业习惯按单位产量占用流动资金额估算流动资金。扩大指标估算法简便易行，适用于项目初选阶段。二是分项详细估算法，这是通常采用的流动资金估算方法。

采用分项详细估算法时，流动资金的估算可以使用下列公式：

$$流动资金＝流动资产－流动负债 \tag{7.8}$$

$$流动资产＝现金＋应收和预付账款＋存货 \tag{7.9}$$

$$流动负债＝应付账款＋预付账款 \tag{7.10}$$

$$流动资金本年增加额＝本年流动资金－上年流动资金 \tag{7.11}$$

流动资产和流动负债各项构成估算公式如下。

（1）现金的估算。

$$现金＝\frac{（年工资及福利费＋年其他费用）}{现金周转次数} \tag{7.12}$$

$$年其他费用＝制造费用＋管理费用＋销售费用 \tag{7.13}$$

以上 3 项费用中包含工资及福利费、折旧费、维简费、摊销费、修理费。

$$周转次数 = \frac{360 \text{ 天}}{最低需要周转天数} \tag{7.14}$$

（2）应收（预付）账款的估算。

$$应收账款 = \frac{年经营成本}{应收账款周转次数} \tag{7.15}$$

（3）存货的估算。存货包括各种外购原材料、燃料、包装物、低值易耗品、在产品、外购商品、协作件、自制半成品和产成品等。项目中的存货一般仅考虑外购原材料、燃料，在产品、产成品，也可考虑备品备件。

$$存货 = 外购原材料 + 外购燃料 + 在产品 + 产成品 \tag{7.16}$$

外购原材料、燃料是指为保证正常生产需要的原材料、燃料、包装物、备品备件等占用资金较多的投入物，需按品种类别逐项分别估算。计算公式为

$$外购原材料、燃料 = \frac{全年外购原材料、燃料}{原材料、燃料周转次数} \tag{7.17}$$

$$在产品 = \frac{\left(\begin{array}{c}年外购原材料、\\燃料和动力费用\end{array} + \begin{array}{c}年工资及\\福利费\end{array} + 年修理费 + \begin{array}{c}年其他\\制造费用\end{array}\right)}{在产品周转次数} \tag{7.18}$$

$$产成品 = \frac{年经营成本}{周转次数} \tag{7.19}$$

（4）流动负债应付（预收）账款的估算。

$$应付账款 = \frac{（年外购原材料、燃料动力和商品备件费用）}{应付账款周转次数} \tag{7.20}$$

（5）铺底流动资金的估算。流动资金一般应在项目投产前开始筹措。根据国家现行规定要求，新建、扩建和技术改造项目，必须将项目建成投产后所需的 30% 铺底流动资金列入投资计划，铺底流动资金不落实的，国家不予批准立项，银行不予贷款。铺底流动资金的计算公式为

$$铺底流动资金 = 流动资金 \times 30\% \tag{7.21}$$

铺底流动资金是计算项目资本金的重要依据，也是国家控制项目投资规模的重要指标。根据国家现行规定，国家控制投资规模的项目总投资包括固定资产投资和铺底流动资金，并以此为基数计算项目资本金比例。计算公式为

$$项目总投资 = 固定资产投资 + 铺底流动资金 \tag{7.22}$$

$$固定资产投资 = 固定资产投资静态部分 + 固定资产投资动态部分 \tag{7.23}$$

对于概算调整和后评价项目，固定资产投资动态部分还应包括建设期因汇率变动而产生的汇兑损益以及国家批准新开征的其他税费。

$$项目资本金最低需要量 = 项目总投资 \times 国家规定的最低资本金比例 \tag{7.24}$$

2. 流动资金估算表及其他相关财务报表的编制

（1）流动资金估算表的编制。流动资金估算表包括流动资产、流动负债、流动资金及流动资金本年增加额 4 项内容。该表是在对生产期各年流动资金估算的基础上编制的。

（2）投资计划与资金筹措表的编制。投资计划与资金筹措表包括总投资的构成、资金筹措及各年度的资金使用安排，该表可依据固定资产投资估算表和流动资金估算表编制。

7.2 工程项目的收益估算

7.2.1 工程项目成本费用的构成

成本费用是反映产品生产中资源消耗的一个主要基础数据，是形成产品价格的重要组成部分，是影响项目经济效益的重要因素。建设项目产出品成本费用的构成与计算，既要符合现行财务制度的有关规定又要满足经济评价的要求。

按照财政部新颁布的财务制度，参照国际惯例将成本核算办法，由原来的完全成本法改成制造成本法。所谓制造成本法是在核算产品成本时，只分配与生产经营最直接和关系密切的费用，而将与生产经营没有直接关系和关系不密切的费用计入当期损益。即直接材料、直接工资、其他直接支出和制造费用计入产品制造成本，管理费用、财务费用和销售费用直接计入当期损益，不要求计算产品的总成本费用。

总成本费用的计算公式为

制造成本＝直接材料＋直接燃料和动力＋直接工资＋其他直接支出＋制造费用

$$(7.25)$$

期间费用＝管理费用＋财务费用＋销售费用 $\qquad(7.26)$

1. 制造成本

制造成本是指为生产商品和提供劳务等发生的各项费用。包括直接材料、直接耗费的燃料、动力和直接人工等其他直接费用（支出）。

（1）直接材料费包括企业生产经营过程中实际消耗的原材料、辅助材料、备品配件、外购半成品、包装物以及其他直接材料费。

（2）直接燃料、动力费包括企业生产经营过程中实际消耗的燃料、动力费。

（3）直接工资包括企业直接从事产品生产人员的工资、奖金、津贴和补贴。

（4）直接支出包括企业直接从事产品生产人员的职工福利费等。

（5）制造费用是指企业各生产单位为组织和管理生产活动而发生的生产单位管理人员工资、职工福利费、生产单位房屋建筑物、机械设备等的折旧费、矿山维简费、租赁费、修理费、机物料消耗、低值易耗品、水电费、办公费、差旅费、运输费、保险费、劳动保护费等。

2. 期间费用

期间费用包括管理费用、财务费用和销售费用。

（1）管理费用。管理费用是指企业行政管理部门为管理和组织生产经营活动而发生的各项费用，包括公司经费、工会经费、职工教育经费、劳动保险费、待业保险费、董事会费、咨询费、审计费、评估费、诉讼费、排污费、绿化费、税金、土地使用费、土地损失补偿费、技术转让费、技术开发费、无形资产摊销、递延资产摊销、业务招待费、坏账损失、存货盘亏、毁损和报废（减盘盈）以及其他管理费用。

公司经费包括总部管理人员工资、职工福利费、差旅费、办公费、折旧费、修理费、物料消耗、低值易耗品摊销以及其他公司费用。

工会经费是指按照职工工资总额 2% 计提交给工会的经费。

职工教育经费是指企业为职工学习先进技术和提高文化水平支付的费用，按照职工工资总额的 1.5% 计提。

劳动保险费是指企业支付离退休职工的退休金（包括按照规定交纳的离退休统筹金）、价格补贴、医药费（包括企业支付离退休人员参加医疗保险的费用）、职工退职金、6 个月以上病假人员工资、职工死亡丧葬补助费、抚恤费，按照规定支付给离退休人员的各项经费。

待业保险费是指企业按照国家规定交纳的待业保险基金。

董事会费是指企业最高权力机构（如董事会）及其成员为执行职能而发生的各项费用，包括差旅费、会议费等。

咨询费是指企业向有关咨询机构进行科学技术、经营管理咨询所支付的费用，包括聘请经济技术顾问、法律顾问等支付的费用。

审计费是指企业聘请中国注册会计师进行查账验资等发生的各项费用。

评估费是指企业聘请资产评估机构进行资产评估等发生的各项费用。

诉讼费是指企业起诉或者应诉而发生的各项费用。

排污费是指企业按照规定交纳的排污费用。

绿化费是指企业对厂区、矿区进行绿化而发生的零星绿化费用。

税金是指企业按照规定支付的房产税、车船使用税、土地使用税、印花税等。

土地使用费（海域使用费）是指企业因使用土地（海域）而支付的费用。

技术转让费是指企业使用非专利技术而支付的费用。

技术开发费是指企业研究开发新产品、新技术、新工艺所发生的新产品设计费、工艺规程制定费、设备调试费、原材料和半成品的试验费、未纳入国家计划的中间试验费、研究人员的工资、研究设备的折旧、与新产品试制技术研究有关的其他经费、委托其他单位进行的科研试制的费用以及试制失败损失。

无形资产摊销是指专利权、商标权、著作权、土地使用权、非专利技术等无形资产的摊销。

递延资产摊销是指开办费和以经营租赁方式租入的固定资产改良支出等。以经营租赁方式租入的固定资产改良支出，是指能增加以经营租赁方式租入固定资产的效能或延长使用寿命的改装、翻修、改建等支出。

开办费是指项目在筹建期间发生的费用，包括筹建期间人员工资、办公费、培训费、差旅费、印刷费、注册登记费以及不计入固定资产和无形资产购置成本的汇兑损益、利息等支出。

业务招待费是指企业为业务经营的合理需要而支付的费用，按有关规定列入管理费用。

（2）财务费用。财务费用是指企业为筹集和使用资金而发生的各项费用，包括企业生产经营期间发生的利息支出（减利息收入），汇兑净损失、调剂外汇手续费、金融机构手续费以及筹资发生的其他财务费用等。

（3）销售费用。销售费用是指企业在销售产品、自制半成品和提供劳务等过程中发生的各项费用以及专设销售机构的各项经费，包括应由企业负担的运输费、装卸费、包装费、保险费、委托代销手续费，广告费、展览费、租赁费（不含融资租赁费）、销售服务费用和销售部门人员工资、职工福利费、差旅费、办公费、折旧费、修理费、物料消耗、低值易耗品摊销等。

7.2.2 项目评价中的产出品成本费用构成与计算

项目评价中的产出品成本费用构成原则上应符合现行财务制度的有关规定，但其具体预测方法和一些费用的处理上与企业会计实际成本核算是不同的。根据项目经济评价的特点，《建设项目经济评价方法与参数》要求计算项目的总成本费用，为了满足现金流量分析的要求，还应计算经营成本费用。

1. 总成本费用的构成与计算

总成本费用可按以下两种方法计算其构成。

$$总成本费用＝直接材料＋直接燃料和动力＋直接工资＋其他直接支出$$
$$＋制造费用＋管理费用＋财务费用＋销售费用 \tag{7.27}$$
$$总成本费用＝外购材料费＋外购燃料动力费＋工资及福利费＋折旧费＋$$
$$摊销费＋修理费＋矿山维简费＋其他费用＋利息支出 \tag{7.28}$$

式中，折旧费包括制造费用、管理费用和销售费用的折旧费、摊销费包括制造费用、管理费用和销售费用的摊销费。

式（7.27）是在制造成本的基础上计算总成本费用，式（7.28）是按生产费用的各要素计算总成本费用。使用时可根据行业、项目产品生产的特点选用。第二种方法对于多产品项目的成本估算可以起到明显简化作用，其不足之处是不能直接核算每种产品的制造成本。对于一般项目财务效益的评估，如果不要求分别计算每种产品的盈利能力，可采用第二种方法。

（1）以制造成本为基础计算总成本费用。以产品制造（生产）成本为基础进行估算，首先要计算各产品的直接成本，包括直接材料费、直接燃料和动力费、直接工资和其他直接支出；然后计算间接成本，主要指制造费用；再计算管理费用、销售费用和财务费，其中折旧费和摊销费可以单独列项。

$$直接材料费＝直接材料消耗量×单价 \tag{7.29}$$
$$直接燃料和动力费＝直接燃料和动力消耗量×单价 \tag{7.30}$$
$$直接工资及其他直接支出＝直接从事产品生产人员数量×人均年工资及福利费$$
$$\tag{7.31}$$

制造费用除折旧费外可按照一定的标准估算，也可按制造费用中各项费用内容详细计算。

管理费用除折旧费、摊销费外可按照一定的标准估算，也可按照管理费用中各项费用的内容详细计算。

销售费用除折旧费外可按照一定的标准估算，也可按销售费用中各项费用内容详细计算。

财务费用应分别计算长期借款和短期借款利息。

（2）以生产费用为基础计算总成本费用。这种方法是按成本费用中各项费用性质进行归类后，计算总生产费用。

1）外购材料费。包括直接材料费中预计消耗的原材料、辅助材料、备品配件、外购半成品、包装物以及其他直接材料费；制造费、管理费以及销售费用中机物料消耗、低值易耗品费用及其运输费用等归并在本科目内，可统称为其他材料费。其计算公式为

$$外购材料费＝主要外购材料消耗定额×单价＋辅料及其他材料费 \qquad (7.32)$$

2）外购燃料及动力费。包括直接材料费中预计消耗的外购燃料及动力，销售费用中的外购水电费等。

$$外购燃料及动力费＝主要外购燃料及动力消耗量×单价＋其他外购燃料及动力费$$

$$(7.33)$$

式中，主要外购燃料及动力消耗量，是指按拟订方案提出的消耗量占总消耗量比例较大的外购燃料及动力。

其他外购燃料及动力费是指消耗量占总消耗量比例较小的外购燃料及动力，其计算方法可根据项目的实际情况，采用占主要外购燃料动力费的百分比进行估算。

单价中包括外购燃料动力的售价、运费及其他费用，还应注明是否含增值税的进项税。

3）工资及福利费。包括直接工资及其他直接支出（指福利费），制造费、管理费以及销售费用中管理人员和销售人员的工资及福利费。

直接工资包括企业以各种形式支付给职工的基本工资、浮动工资、各类补贴、津贴、奖金等。

$$工资及福利费＝职工总人数×人均年工资指标（含福利费） \qquad (7.34)$$

式中，职工总人数是指按拟订方案提出的生产人员、生产管理人员、工厂总部管理人员及销售人员总人数。人均年工资指标（含福利费）有时也可考虑一定比率的年增长率。

职工福利费主要用于职工的医药费（包括企业参加职工医疗保险交纳的医疗保险费）、医护人员的工资、医务经费、职工因公伤赴外地就医路费、职工生活困难补助、职工浴室、理发室、幼儿园、托儿所人员的工资，以及按照国家规定开支的其他职工福利支出。现行规定一般为工资总额的 14％。

4）折旧费指全部固定资产的折旧费。

5）摊销费指无形资产和递延资产摊销。

6）修理费。是为恢复固定资产原有生产能力、保持原有使用效能，对固定资产进行修理或更换零部件而发生的费用，它包括制造费用、管理费用和销售费用中的修理费。固定资产修理费一般按固定资产原值的一定百分比计提，计提比例可根据经验数据、行业规定或参考各类企业的实际数据加以确定。具体计算公式为

$$修理费＝固定资产原值×计提比率 \qquad (7.35)$$

7）其他费用。是制造费、管理费和销售费用之和，扣除上述计入各科目的机物料消耗、低值易耗品费用及其运输费用、水电费、工资及福利费、折旧费、摊销费及修理费等费用后其他所有费用的统称。其计算方法一般采用工时费用指标、工资费用指标或以上述 7 项成本费用之和为基数按照一定的比例计算。计算公式为

$$其他费用 ＝ 制度总工时（或设计总工时）× 工时费用指标（元／工时） \qquad (7.36)$$

式中，工时费用指标（元／工时）根据行业特点或规定计算。

$$其他费用=生产单位职工总数× \ 生产单位一线基本职工比重系数$$
$$×工资费用指标（元/人） \tag{7.37}$$

式中，工资费用指标（元/人）根据行业特点或规定来计算。

$$其他费用 = ［总成本费用(1)至(7)之和］×百分比率 \tag{7.38}$$

式中，百分比率根据行业特点或规定来确定。

8）财务费用指生产经营期间发生的利息支出、汇兑损失以及相关的金融机构手续费。包括长期借款和短期借款利息。

2. 进口材料或进口零部件费用计算

当项目采用进口材料或进口零部件时，用外币支付的费用有：进口材料或进口零部件货价、国外运输费、国外运输保险费。

用人民币支付的费用有：进口关税、消费税、增值税、银行财务费、外贸公司手续费、海关监管手续费及国内运杂费等。计算过程如下。

进口材料和进口零部件货价。

原币货价：一般按离岸价（即 FOB 价）计算，各币种一律折算为美元表示。

人民币货价：按原币货价乘以外汇市场美元兑换人民币中间价（或卖出价）。

进口材料、零部件货价按有关生产厂商询价、报价或订货合同价计算。

$$国外运输费(海、陆、空) = 原币货价×运费率（或重量×单位重量运价）\tag{7.39}$$

国外运费率参照中国技术进出口总公司、中国机械进出口公司的规定执行。

$$国外运输保险费=\frac{原货币价＋国外运输费}{1-保险费用率}×保险费用率 \tag{7.40}$$

保险费率可按保险公司规定的进口货物保险费率计算。

$$关税=关税完税价格×进口关税税率 \tag{7.41}$$

关税完税价格等于到岸价格（CIF 价），它包括货价加上货物运抵中华人民共和国关境内运入地点起卸前的包装费、运费、保险费和其他劳务费等费用。进口货物以海关审定的成交价格为基础的到岸价格作为完税价格。

进口关税税率按中华人民共和国海关总署发布的进口关税税率计算。进口关税税率分为优惠和普通两种，当进口货物来自已与我国签订的关税互惠条款贸易条约或协定的国家时，按优惠税率征税。

消费税，仅在进口应缴纳消费税货物时计算本项费用。

$$从价消费税税额=\frac{关税完税价格＋关税}{1-消费税税率}×消费税税率 \tag{7.42}$$

$$从量消费税额=应税消费品的数量×消费税单位税额 \tag{7.43}$$

消费税税率依据《中华人民共和国消费税暂行条例》规定的税率执行。

$$增值税 = （关税完税价格＋关税＋消费税）×增值税税率 \tag{7.44}$$

增值税税率按照《中华人民共和国增值税暂行条例》规定的税率执行。

减、免进口关税的货物，一般同时减、免进口环节增值税。

$$银行财务费 = 人民币货价(FOB 价)×银行财务费率 \tag{7.45}$$

$$外贸公司手续费=到岸价人民币数×外贸手续费率 \tag{7.46}$$

海关监管手续费是指海关对进口减税、免税、保税货物实施监督、管理提供服务的手续费，对于全额征收进口关税的货物不计算本项费用。

$$海关监管手续费＝到岸价人民币数×海关监管手续费率 \qquad (7.47)$$

$$国内运费＝到岸价人民币数×国内运杂费率 \qquad (7.48)$$

　　3. 折旧费的计算

　　固定资产在使用过程中要经受两种磨损，即有形磨损和无形磨损。有形磨损是由于生产因素或自然因素（外界因素和意外灾害等）引起的。无形磨损亦称经济磨损，是非使用和非自然因素引起的固定资产价值的损失，比如技术进步会使生产同种设备的成本降低从而使原设备价值降低，或者由于科学技术进步出现新技术、新设备从而引起原来低效率的、技术落后的旧设备贬值或报废等。

　　固定资产的价值损失，通常是通过提取折旧的方法来补偿的。即在项目使用寿命期内，将固定资产价值以折旧的形式列入产品成本中，逐年摊还。

　　固定资产的经济寿命与折旧寿命，都要考虑上述两种磨损，但其含义并不完全相同。

　　经济寿命是指资产（或设备）在经济上合理的使用年限，也就是资产的总年成本最小或总年净收益最大时的使用年限。一般设备使用达到经济寿命或虽未用到经济寿命，但已出现新型设备，使得继续使用该设备已不经济时，即应更新。

　　折旧寿命亦称"会计寿命"，是按照国家财政部门规定的资产使用年限逐年进行折旧，一直到账面价值（固定资产净值）减至固定资产残值时所经历的全部时间。从理论上讲，折旧寿命应以等于或接近经济寿命为宜。

　　下列固定资产应当提取折旧。

　　（1）房屋、建筑物。

　　（2）在用的机器设备、运输车辆、器具、工具。

　　（3）季节性停用和大修理停用的机器设备。

　　（4）以经营租赁方式租出的固定资产。

　　（5）以融资租赁方式租入的固定资产。

　　（6）财政部规定的其他应计提折旧的固定资产。

　　下列固定资产，不得提取折旧。

　　（1）土地。

　　（2）房屋、建筑物以外的未使用、不需用以及封存的固定资产。

　　（3）以经营租赁方式租入的固定资产。

　　（4）已提足折旧还继续使用的固定资产。

　　（5）按照规定提取维简费的固定资产。

　　（6）已在成本中一次性列支而形成的固定资产。

　　（7）破产、关停企业的固定资产。

　　（8）财政部规定的其他不得提取折旧的固定资产。

　　计算折旧的要素是固定资产原值、使用期限（或预计产量）和固定资产净残值。

　　按折旧对象的不同来划分，折旧方法可分为个别折旧法、分类折旧法和综合折旧法。个别折旧法是以每一项固定资产为对象来计算折旧；分类折旧法以每一类固定资产为对象来计算折旧；综合折旧法则以全部固定资产为对象计算折旧。

在项目评价中，固定资产折旧可用分类折旧法计算，也可用综合折旧法计算，关于固定资产分类，新工业企业财务制度将原来的 29 类 433 项简化为 3 大部分（通用设备部分、专用设备部分、建筑物部分）22 类。

另外，按固定资产在项目生产经营期内前后期折旧费用的变化性质来划分，折旧方法又可划分为平均年限法、工作量法和加速折旧法。

折旧费包括制造费中生产单位房屋建筑物、机械设备等折旧费，管理费用和销售费用中房屋建筑物、设备等折旧费。固定资产折旧原则上采用分类法计算折旧，固定资产分类及折旧年限参照财政部颁发的有关财务制度确定。项目投资额较小或设备种类较多，且设备投资占固定资产投资比重不大的项目也可采用综合折旧率，折旧费计算方法与年限平均法相同，折旧年限可与项目经营期一致。

固定资产的净残值等于残值减去清理费用后的余额，净残值率按照固定资产原值的 3%～5% 确定。中外合资项目规定为 10%。

融资性租赁的固定资产也应按以上的方法计提折旧额。

固定资产折旧应当根据固定资产原值、预计净残值、预计使用年限或预计工作量，采用年限平均法或者工作量（或产量）法计算，也可采用加速折旧法。

（1）年限平均法。固定资产折旧方法一般采用年限平均法（也称直线折旧法）。年限平均法的固定资产折旧率和年折旧额计算公式如下。

$$年折旧率 = \left[\frac{（1 - 预计净残值率）}{折旧年限} \right] \times 100\% \tag{7.49}$$

$$年折旧额 = 固定资产原值 \times 年折旧率 \tag{7.50}$$

【例 7.1】某通用机械设备的资产原价为 2800 万元，折旧年限为 10 年，预计净残值率为 5%，按年限平均法计算折旧额。

【解】年折旧率 = [(1 - 5%)/10] × 100% = 9.5%

　　　　年折旧额 = 2800 × 9.5% = 266(万元)

8 年内均相同。

（2）工作量法。工作量法又称作业量法，是以固定资产的使用状况为依据计算折旧的方法。企业专业车队的客货运汽车，某些大型设备可采用工作量法。

工作量法的固定资产折旧额的基本计算公式为

$$工作量折旧额 = \frac{\left[固定资产 - 原值 \times （1 - 预计净残值率） \right]}{规定的总工作量} \tag{7.51}$$

1）按照行驶里程计算折旧的公式。

$$单位里程折旧额 = 原值 \times （1 - 预计净残值率） \tag{7.52}$$

$$年折旧额 = 单位里程折旧额 \times 年行驶里程 \tag{7.53}$$

2）按照工作小时计算折旧的公式。

$$每工作小时折旧额 = 原值 \times （1 - 预计净残值率） \tag{7.54}$$

$$年折旧额 = 每工作小时折旧额 \times 年工作小时 \tag{7.55}$$

以上各式中的净残值均按照固定资产原值的 3%～5% 确定，由企业自主确定，并报主管财政部门备案。

（3）加速折旧法。加速折旧法又称递减费用法。即固定资产每期计提的折旧数额不同，在使用初期计提得多，而在后期计提得少，是一种相对加快折旧速度的方法。加速折旧方法很多，新财务制度规定，在国民经济中具有重要地位、技术进步快的电子生产企业、船舶工业企业、生产"母机"的机械企业、飞机制造企业、汽车制造企业、化工生产企业和医药生产企业以及其财政部批准的特殊行业的企业，其机器设备可以采用双倍余额递减法或者年数总和法计算折旧额。

1）双倍余额递减法。该方法是以平均年限法折旧率两倍的折旧率计算每年折旧额的方法，其计算公式如下。

$$年折旧率 = \left(\frac{2}{折旧年限}\right) \times 100\% \tag{7.56}$$

$$年折旧额 = 固定资产净值 \times 年折旧率 \tag{7.57}$$

在采用该方法时，应注意两点：一是计提折旧固定资产价值包含残值，亦即每年计提的折旧额是用平均年限法两倍的折旧率去乘该资产的年初账面净值；二是采用该法时，只要仍使用该资产，则其账面净值就不可能完全冲销。因此，在资产使用的后期，如果发现某一年用该法计算的折旧额少于平均年限法计算的折旧额时，就可以改用平均年限法计提折旧。为了操作简便起见，新财务制度规定实行双倍余额递减法的固定资产，应在固定资产折旧到期前两年内，将固定资产账面净值扣除预计净残值后的净额平均摊销。

【例7.2】同［例7.1］按双倍余额递减法计算折旧。

【解】年折旧率 ＝（2/10）×100％ ＝20％

因为每年折旧额不同，计算结果如表7.1所示。

表7.1　　　　　　　　　某通用机械设备每年折旧额　　　　　　　　单位：万元

项目＼年限	1	2	3	4	5	6	7	8	9	10	合计
资产净值	2800	2240	1792	1434	1147	918	734	587	470	305	140
年折旧额	560	448	358	287	229	184	147	117	165	165	2660

最后两年，每年折旧额＝（470－2800×5％）/2 ＝ 165（万元）

2）年数总和法。采用年数总和法是根据固定资产原值减去净残值后的余额，按照逐年递减的分数（即年折旧率，亦称折旧递减系数）计算折旧的方法。每年的折旧率为一变化的分数，分子为每年尚可使用的年限，分母为固定资产折旧年限逐年相加的总和（即折旧年限的阶乘），其计算公式如下。

$$年折旧额 ＝（固定资产原值－预计净残值）\times 年折旧率 \tag{7.58}$$

【例7.3】同［例7.1］按年数总和法计算折旧。

【解】第一年，年折旧率 ＝ $\frac{尚可使用折旧年限}{折旧年限 \times（1＋折旧年限）/2}$ × 100％ ＝ 18.2％

年折旧额 ＝ 2 800 ×（1－5％）× 18.2％ ＝ 484（万元）

同样的方法可以计算出以后各年的折旧额，如表7.2所示。

表 7.2 某通用机械设备年折旧额 单位：万元

项 目 ＼ 年 限	1	2	3	4	5	6	7	8	9	10	合计
资产净值	18.2	16.4	14.5	12.7	10.9	9.1	7.3	5.5	3.6	1.8	
年折旧额	484	436	388	338	290	242	194	146	96	48	2662

通过［例7.1］［例7.2］及［例7.3］的计算，可以看出使用加速折旧法使得固定资产的投资能够尽早收回，所以企业应当在政策许可范围内选择适宜的方法。

4. 摊销费的计算

无形资产与递延资产的摊销是将这些资产在使用中损耗的价值转入成本费用中去。一般不计残值，从受益之日起，在一定期间分期平均摊销。

无形资产的摊销期限，凡法律和合同或企业申请书分别规定有效期限和受益年限的，按照法定有效期限与合同或企业申请书规定的受益年限孰短的原则确定。无法确定有效期限，但企业合同或申请书中规定有受益年限的，按企业合同或申请书中规定的受益年限确定。无法确定有效期限和受益年限的，按照不少于10年的期限确定。

递延资产，一般按照不少于5年的期限平均摊销；其中以经营租赁方式租入的固定资产改良工程支出，在租赁有效期限内分期摊销。

无形资产、递延资产的摊销价值通过销售收入得到补偿，增加企业盈余资金，可用作周转资金或其他用途。

5. 维简费的计算

与一般固定资产（如设备、厂房等）不同，矿山、油井、天然气井和森林等自然资源是一种特殊资产，其价值将随着已完成的采掘与采伐量而减少。我国自20世纪60年代以来，对于这类资产不提折旧，而是按照生产产品数量（采矿按每吨原矿产量，林区按每立方米原木产量）计提维持简单再生产费，简称"维简费"。实际上这也是一种产量法，即按每年预计完成总产量的比例分配到产品成本费用中去。

上述特殊资产在西方国家称为递耗资产。它将随着资源的采掘与采伐，转为可供销售的存货成本，这种成本的转移称为"折耗"。折耗与折旧的区别主要如下。

（1）折旧是指固定资产价值的减少，其实物数量不变，而折耗是指递耗资产实体的减少，而且是数量和价值同时减少。

（2）递耗资产的折耗发生于采掘、采伐过程之中，而固定资产折旧则不限于使用过程。

矿山维简费（或油田维护费）一般按出矿量和国家或行业规定的标准提取；但选厂、尾矿以及独立的机、汽修和大型供水、供汽、运输车间除外。其计算公式为

$$矿山维简费（或油田维护费）＝出矿量×计提指标（元/t） \qquad (7.59)$$

6. 财务费用的计算

财务费用是指在生产经营期间发生的利息支出、汇兑损失以及相关的金融机构手续费。

在项目评估时，生产经营期的财务费用需计算长期负债利息净支出和短期负债利息；在未取得可靠计算依据的情况下，可不考虑汇兑损失及相关的金融机构手续费。

财务评价中，对国内外借款，无论实际按年、季、月计息，均可简化为按年计息，即将名义年利率按计息时间折算成有效年利率。其计算公式为

$$有效年利率 = \left(1 + \frac{r}{m}\right)^m - 1 \tag{7.60}$$

式中　r——名义年利率；

　　　m——每年计息次数。

（1）长期负债利息的计算。由于借款方式不同，其利息计算方法也不同，有几种计息方式，在此不一一介绍了。

（2）短期贷款是指贷款期限在一年以内的借款。在项目评价中如果发生短贷时，可假设当年末借款，第二年年末偿还，按全年计算利息，并计入第二年财务费用中。其计算公式为

$$短期贷款利息＝短期贷款额×年利率 \tag{7.61}$$

7.2.3　经营成本费用

经营成本费用是项目经济评价中的一个专门术语，是为项目评价的实际需要专门设置的。

经营成本的计算公式为

$$经营成本费用＝总成本费用－折旧费－维简费－摊销费－利息支出 \tag{7.62}$$

项目评价采用"经营成本费用"概念的原因如下。

（1）项目评价动态分析的基本报表是现金流量表，它根据项目在计算期内各年发生的现金流入和流出，进行现金流量分析。各项现金收支在何时发生，就在何时计入。由于投资已在其发生的时间作为一次性支出被计作现金流出，所以不能将折旧费和摊销费在生产经营期再作为现金流出，否则会发生重复计算。因此，在现金流量表中不能将含有折旧费和摊销费的总成本费用作为生产经营期经常性支出，而规定以不包括折旧费和摊销费的经营成本作为生产经营期的经常性支出。对于矿山项目，将维简费视同折旧费处理，因此，经营成本中不包括维简费。

（2）《建设项目经济评价方法与参数》规定，财务评价要编制的现金流量表有全部投资现金流量表和自有资金现金流量表。全部投资现金流量表是在不考虑资金来源的前提下，以全部投资（固定资产投资和流动资金，不含建设期刊息）作为计算基础，因此生产经营期的利息支出不应包括在现金流出中。

7.2.4　可变成本与固定成本

为了进行项目的成本结构分析和不确定性分析，在项目经济评估中应将总成本费用按照费用的性质划分为可变成本和固定成本。

产品成本费用按其与产量变化的关系分为可变成本、固定成本和半可变（或半固定）成本。在产品总成本费用中，有一部分费用随产量的增减而成比例地增减，称为可变成本，如原材料费用一般属于可变成本；另一部分费用与产量的多少无关，称为固定成本，如固定资产折旧费、管理费用。还有一些费用，虽然也随着产量增减而变化，但非成比例地变化，称为半可变（半固定）成本，如修理费用。通常将半可变成本进一步分解为可变

成本与固定成本。因此，产品总成本费用最终可划分为可变成本和固定成本。

在项目财务分析中，可变成本和固定成本通常是参照类似生产企业两种成本占总成本费用的比例来确定。

7.2.5 销售收入估算

销售（营业）收入是指项目投产后在一定时期内销售产品（营业或提供劳务）而取得的收入。销售（营业）收入估算的主要内容包括如下几项。

1. 生产经营期各年生产负荷的估算

项目生产经营期各年生产负荷是计算销售收入的基础。经济评估人员应配合技术评估人员鉴定各年生产负荷的确定是否有充分依据，是否与产品市场需求量预测相符合，是否考虑了项目的建设进度，以及原材料、燃料、动力供应和工艺技术等因素对生产负荷的制约和影响作用。

2. 产品销售价格的估算

销售（营业）收入的重点是对产品价格进行估算。要鉴定选用的产品销售（服务）价格是否合理，价格水平是否反映市场供求状况，判别项目是否高估或低估了产出物价格。

为防止人为夸大或缩小项目的效益，属于国家控制价格的物资，要按国家规定的价格政策执行；价格已经放开的产品，应根据市场情况合理选用价格，一般不宜超过同类产品的进口价格（含各种税费）。产品销售价格一般采用出厂价格，参考当前国内市场价格和国际市场价格，通过预测分析而合理选定。出口产品应根据离岸价格扣除国内各种税费计算出厂价格，同时还应考虑与投入物价格选用的同期性，并注意价格中不应含有增值税。

3. 销售（营业）收入的计算

在项目评估中，产品销售（营业）收入的计算，一般假设当年生产产品当年全部销售。计算公式为

$$销售（营业）收入 = \sum_{i=1}^{n} Q_i \times P_i \qquad (7.63)$$

式中　Q_i——第 i 种产品年产量；

　　　P_i——第 i 种产品销售单价。

当项目产品外销时，还应计算外汇销售收入，并按评估时现行汇率折算成人民币，再计入销售收入总额。

7.2.6 销售税金及附加的估算

销售税金及附加是指新建项目生产经营期（包括建设与生产同步进行情况下的生产经营期）内因销售产品（营业或提供劳务）而发生的消费税、资源税、城市维护建设税及教育费附加，是损益表和财务现金流量表中的一个独立项目。税金及附加的计征依据是项目的销售（营业）收入，不包括营业外收入和对外投资收益。

税金及附加，应随项目具体情况而定，分别按生产经营期各年不同生产负荷进行计算。各种税金及附加的计算要符合国家规定。应按项目适用的税种、税目、规定的税率和计征办法计算有关税费。

在计算过程中，如果发现所适用的税种、税目和税率不易确定，可征询税务主管部门

的意见确定，或按照就高不就低的原则计算。除销售出口产品的项目外，项目的销售税金及附加一般不得减免，如国家有特殊规定的，按国家主管部门的有关规定执行。

7.2.7　增值税的估算

按照现行税法规定，增值税作为价外税不包括在销售税金及附加中。在经济项目评价中应遵循价外税的计税原则，在项目损益分析及财务现金流量分析的计算中均不应包含增值税的内容。因此，在评价中应注意如下问题。

（1）在项目财务效益分析中，产品销售税金及附加不包括增值税，产出物的价格不含有增值税中的销项税，投入物的价格中也不含有增值税中的进项税。

（2）城市维护建设税和教育费附加都是以增值税为计算基数的。因此，在财务效益分析中，还应单独计算项目的增值税额（销项税额减进项税额），以便计算销售税金及附加。

（3）增值税的税率、计征依据、计算方法和减免办法，均应按国家有关规定执行。产品出口退税比例，按照现行有关规定计算。

7.2.8　财务报表的编制

（1）主要产出物和投入物价格依据表的编制。财务评价用的价格是以现行价格体系为基础，根据有关规定、物价变化趋势及项目实际情况而确定的预测价格。

（2）单位产品生产成本估算表的编制。估算单位产品生产成本，首先要列出单位产品生产的构成项目（如原材料、燃料和动力、工资与福利费、制造费用及副产品回收等），根据单位产品的消耗定额和单价估算单位产品生产成本。

（3）总成本费用估算表的编制。编制该表，按总成本费用的构成项目的各年预测值和各年的生产负荷，计算年总成本费用和经营成本。为了便于计算，在该表中将工资及福利费、修理费、折旧费、维简费、摊销费、利息支出进行归并后填列。表中"其他费用"是指在制造费用、管理费用、财务费用和销售费用中扣除了工资及福利费、修理费、折旧费、维简费、摊销费和利息支出后的费用。

（4）借款还本付息计算表的编制。编制该表，首先要依据投资计划与资金筹措表填列固定资产投资借款（包括外汇借款）的各具体项目，然后根据固定资产折旧费估算表、无形及递延资产摊销费估算表和损益表填列偿还借款本金的资金来源项目。

（5）产品销售收入和销售税金及附加估算表的编制。表中产品销售收入以估计产销量与预测销售单价的乘积填列；年销售税金及附加按国家规定的税种和税率计取。

习　题

1．财务评价的主要目的是什么？

2．固定资产的投资估算主要有哪几种方法？

3．流动资金估算应注意什么问题？

4．拟新建某工业项目，生产国内市场上需求量较大的化工产品F，生产规模为年产1万t。主要技术和设备在国内购进，厂址位于城市近郊，占用农田100亩，交通便利，原材料、燃料及水电等供应可靠。该项目包括生产车间及相应的辅助生产设备、生产管理和生活福利等设施的建设。拟 2 年建成，第 3 年投产，当年生产负荷达到设计能力的 60%，第 4 年达到 80%，第 5 年达到 100%。生产期按 10 年计算，计算期为 12 年。

（1）固定资产投资估算。项目的固定资产投资估算数为 1200 万元，其中工程费用 1010 万元，其他费用 90 万元（其中土地费用 70 万元），预备费用 100 万元（包括基本预备费 90 万元和涨价预备费 10 万元）。

项目的固定资产投资方向调节税计税依据为固定资产投资额，税率为 10%，因此投资方向调节税为 120 万元。

项目建设期利息估算为 30 万元。

（2）流动资金估算。项目的流动资金按分项详细估算法进行估算。项目所需流动资金 400 万元，分别于投产期第 3 年和第 4 年各投 200 万元。

（3）投资计划与资金筹措。项目自有资金 850 万元，其中用于第 1 年固定资产投资 550 万元，第 2 年固定资产投资 200 万元，第 4 年流动资金投入 100 万元。其余为借款共 900 万元，其中从建设银行借款 600 万元，利率为 10%，用于第 2 年固定资产投资；从工商银行借款 300 万元，利率为 8%，用于第 3 年、第 4 年流动资金投入，分别为 200 万元、100 万元。

（4）固定资产折旧费估算。项目的固定资产原值为 1330 万元，固定资产形成率是按 100% 考虑的。化工厂项目按平均年限法计算折旧，折旧年限为 10 年，预计净残值为 50 万元。

（5）无形及递延资摊销费估算。项目递延资产为 20 万元（固定资产投资中的其他费用扣除土地费用），摊销年限为 10 年，年摊销费为 2 万元。该项目没有无形资产投入。

（6）主要产出物和投入物价格的估算。项目主要产出物和投入物的价格，是以近几年国内市场已实现的价格为基础，考虑到其变化趋势预测得到的。

化工厂项目的主要产出物和投入物价格依据如表 7.3 所示。

表 7.3　　　　　　　　　　主要产出物和投入物使用价格依据表

项　　目	单价/（元/吨）	价格依据
主要投入物		
原材料		
A	300	以近年来国内市场价格为基础，预测得到的价格
B	240	以近年来国内市场价格为基础，预测得到的价格
C	200	以近年来国内市场价格为基础，预测得到的价格
D	400	以近年来国内市场价格为基础，预测得到的价格
主要产出物		
F 产品	1679	以近年来国内市场价格为基础，预测得到的价格

（7）单位产品生产成本估算。估算单位产品生产成本，首先要列出单位产品生产成本的构成项目（如原材料、燃料和动力、工资与福利费、制造费用及副产品回收等），根据单位产品的消耗定额和单价估算单位产品生产成本，如表 7.4 所示。

表 7.4 单位产品生产成本估算表

序号	项目		单位	消耗定额	单价/元	金额/元	合计/元	生产成本/元
1	原材料	A	t	1.1	300	330	550	820
		B		0.5	240	120		
		C		0.3	200	60		
		D		0.1	400	40		
2	燃料与动力	水		10	0.6	6	100	
		煤		0.6	100	60		
		电	kW·h	85	0.4	34		
3	工资和福利费						70	
4	制造费用						100	
5	副产品回收						0	

(8) 总成本费用估算。化工厂项目的总成本费用估算表中各项估算说明如下。

1) 外购原材料、外购燃料及动力、折旧费、摊销费和利息支出，依据有关报表填列。

2) 除第 3 年外全厂定员 100 人（第 3 年定员 66 人），每年工资及福利费为 95 万元（第 3 年为 63 万元）。

3) 修理费按年折旧费的 55% 计取，每年约为 70 万元。

4) 其他费用按工资及福利费的两倍多再加土地使用税 10 万元计算。

(9) 借款还本付息计算。化工厂项目固定资产投资借款 600 万元，年利率 10%，建设期利息以自有资金偿还，生产期利息计入财务费用，本金以与银行商定的等额本金法偿还，分别在第 4 年至第 7 年各偿还本金 150 万元。偿还本金的资金来源分别为各年未分配利润 30 万元、年折旧费 118 万元和年摊销费 2 万元。

(10) 产品销售收入和销售税金及附加估算。化工厂项目产品销售收入的估算值在生产负荷为 60%、80%、100% 时分别为 1007 万元、1343 万元、1679 万元；销售税金及附加的估算值在生产负荷为 60%、80%、100% 时分别为 114 万元，153 万元、191 万元。

试对该项目进行财务评价，并且编制有关财务报表。

附录 复利系数表

一次支付终值系数 $(F/P, i, n)$ 表

n	0.75%	1%	1.5%	2%	2.5%	3%	4%	5%	6%
1	1.007 5	1.010 0	1.015 0	1.020 0	1.025 0	1.030 0	1.040 0	1.050 0	1.060 0
2	1.015 1	1.020 1	1.030 2	1.040 4	1.050 6	1.060 9	1.081 6	1.102 5	1.123 6
3	1.022 7	1.030 3	1.045 7	1.061 2	1.076 9	1.092 7	1.124 9	1.157 6	1.191 0
4	1.030 3	1.040 6	1.061 4	1.082 4	1.103 8	1.125 5	1.169 9	1.215 5	1.262 5
5	1.038 1	1.051 0	1.077 3	1.104 1	1.131 4	1.159 3	1.216 7	1.276 3	1.338 2
6	1.045 9	1.061 5	1.093 4	1.126 2	1.159 7	1.194 1	1.265 3	1.340 1	1.418 5
7	1.053 7	1.072 1	1.109 8	1.148 7	1.188 7	1.229 9	1.315 9	1.407 1	1.503 6
8	1.061 6	1.082 9	1.126 5	1.171 7	1.218 4	1.266 8	1.368 6	1.477 5	1.593 8
9	1.069 6	1.093 7	1.143 4	1.195 1	1.248 9	1.304 8	1.423 3	1.551 3	1.689 5
10	1.077 6	1.104 6	1.160 5	1.219 0	1.280 1	1.343 9	1.480 2	1.628 9	1.790 8
11	1.085 7	1.115 7	1.179 9	1.243 4	1.312 1	1.384 2	1.539 5	1.710 3	1.898 3
12	1.093 8	1.126 8	1.195 6	1.268 2	1.344 9	1.425 8	1.601 0	1.795 9	2.012 2
13	1.102 0	1.138 1	1.213 6	1.293 6	1.378 5	1.468 5	1.665 1	1.885 6	2.132 9
14	1.110 3	1.149 5	1.231 8	1.319 5	1.413 0	1.512 6	1.731 7	1.979 9	2.260 9
15	1.118 6	1.161 0	1.250 2	1.345 9	1.448 3	1.558 0	1.800 9	1.078 9	2.396 6
16	1.127 0	1.172 6	1.269 0	1.372 8	1.484 5	1.604 7	1.783 0	2.182 9	2.540 4
17	1.135 4	1.184 3	1.288 0	1.400 2	1.521 6	1.652 8	1.947 9	2.292 0	2.692 8
18	1.144 0	1.196 1	1.307 3	1.428 2	1.559 7	1.702 4	2.025 8	2.406 6	2.854 3
19	1.152 5	1.208 1	1.327 0	1.456 8	1.598 7	1.753 5	2.106 8	2.527 0	3.025 6
10	1.161 2	1.220 2	1.346 9	1.485 9	1.638 6	1.806 1	2.191 1	2.653 3	3.207 1
21	1.169 9	1.232 4	1.367 1	1.515 7	1.679 6	1.860 3	2.278 8	2.786 0	3.399 6
22	1.178 7	1.244 7	1.387 6	1.546 0	1.721 6	1.916 1	2.369 9	2.925 3	3.603 5
23	1.187 5	1.257 2	1.408 6	1.576 9	1.764 6	1.973 6	2.464 7	3.071 5	3.819 7
24	1.196 4	1.269 7	1.429 5	1.608 4	1.808 7	2.032 8	2.563 3	3.225 1	4.048 9
25	1.205 4	1.282 4	1.450 9	1.640 6	1.853 9	2.093 8	2.665 8	3.386 4	4.291 9
26	1.214 4	1.295 3	1.472 7	1.673 4	1.900 3	2.156 6	2.772 5	3.555 7	4.549 4
27	1.223 5	1.308 2	1.494 8	1.706 9	1.947 8	2.221 3	2.883 4	3.733 5	4.822 3
28	1.232 7	1.321 3	1.517 2	1.741 0	1.996 5	2.287 9	2.998 7	3.920 1	5.111 7
29	1.242 0	1.334 5	1.540 0	1.775 8	2.046 4	2.356 6	3.118 7	4.116 1	5.418 4
30	1.251 3	1.347 8	1.563 1	1.811 4	2.097 6	2.427 3	3.243 4	4.321 9	5.743 5
31	1.260 7	1.361 3	1.586 5	1.847 6	2.150 0	2.500 1	3.373 1	4.538 0	6.088 1
32	1.270 1	1.374 9	1.610 3	1.884 5	2.203 8	2.575 1	3.508 1	4.764 9	6.453 4
33	1.279 6	1.388 7	1.634 5	1.922 2	2.258 9	2.652 3	3.648 4	5.003 2	6.840 6
34	1.289 2	1.402 6	1.659 0	1.960 7	2.315 3	2.731 9	3.794 3	5.253 3	7.251 0
35	1.298 9	1.416 6	1.683 9	1.999 9	2.373 2	2.813 9	3.946 1	5.516 0	7.686 1
40	1.348 3	1.488 9	1.814 0	2.208 0	2.685 1	3.262 0	4.801 0	7.040 0	10.285 7
45	1.399 7	1.564 8	1.954 2	2.437 9	3.037 9	3.781 6	5.841 2	8.985 0	13.764 6
50	1.453 0	1.644 6	2.105 2	2.691 6	3.437 1	4.383 9	7.106 7	11.467 4	18.420 2
55	1.508 3	1.728 5	2.267 9	2.971 7	3.888 8	5.082 1	8.646 4	14.635 6	24.650 3
60	1.565 7	1.816 7	2.443 2	3.281 0	4.399 8	5.891 6	10.519 6	18.679 2	32.987 7
65	1.625 3	1.909 4	2.632 0	3.622 5	4.978 0	6.830 0	12.798 7	23.839 9	44.145 0
70	1.687 2	2.006 8	2.835 5	3.999 6	5.632 1	7.917 8	15.571 6	30.426 4	59.075 9
75	1.751 4	2.109 1	3.054 8	4.415 8	6.372 2	9.178 9	18.945 3	38.832 7	79.056 9
80	1.818 0	2.216 7	3.290 7	4.875 4	7.209 6	10.640 9	23.049 8	49.561 4	105.796 0
85	1.887 3	2.329 8	3.545 0	5.382 9	8.157 0	12.335 7	28.043 6	63.254 4	141.578 9

续表

n	7%	8%	9%	10%	12%	15%	20%	25%	30%
1	1.070 0	1.080 0	1.090 0	1.100 0	1.120 0	1.150 0	1.200 0	1.562 5	1.300 0
2	1.144 9	1.166 4	1.188 1	1.210 0	1.254 4	1.322 5	1.440 0	1.562 5	1.690 0
3	1.225 0	1.259 7	1.295 0	1.331 0	1.404 9	1.520 9	1.728 0	1.953 1	2.197 0
4	1.310 8	1.360 5	1.411 6	1.464 1	1.573 5	1.749 0	2.073 6	2.441 4	2.856 1
5	1.402 6	1.469 3	1.538 6	1.610 5	1.762 3	2.011 4	2.488 3	3.051 8	3.712 9
6	1.500 7	1.586 9	1.677 1	1.771 6	1.973 8	2.313 1	2.986 0	3.814 7	4.826 8
7	1.605 8	1.713 8	1.828 0	1.948 7	2.210 7	2.660 0	3.583 2	4.788 4	6.274 9
8	1.718 2	1.850 9	1.992 6	2.143 6	2.476 0	3.059 0	4.299 8	5.960 5	8.157 3
9	1.838 5	1.999 0	2.171 9	2.357 9	2.773 1	3.517 9	5.159 8	7.450 6	10.604 5
10	1.967 2	2.158 9	2.367 4	2.593 7	3.105 8	4.045 6	6.191 7	9.313 2	13.785 8
11	2.104 9	2.331 6	2.580 4	2.853 1	3.478 5	4.652 4	7.430 1	11.641 5	17.921 6
12	2.252 2	2.518 2	2.812 7	3.138 4	3.896 0	5.350 3	8.916 1	14.551 9	23.298 1
13	2.409 8	2.719 6	3.065 8	3.452 3	4.363 5	6.152 8	10.699 3	18.189 9	30.287 5
14	2.578 5	2.937 2	3.341 7	3.797 5	4.887 1	7.075 7	12.839 2	22.737 4	39.373 8
15	2.759 0	3.172 2	3.642 5	4.177 2	5.473 6	8.137 1	15.407 0	28.421 7	51.185 9
16	2.952 2	3.425 9	3.970 3	4.595 0	6.130 4	9.357 6	18.488 4	35.527 1	66.541 7
17	3.158 8	3.700 0	4.327 6	5.054 5	6.866 0	10.761 3	22.186 1	44.408 9	86.504 2
18	3.379 9	3.996 0	4.717 1	5.559 9	7.690 0	12.375 5	26.623 3	55.511 2	112.455 4
19	3.616 5	4.315 7	5.141 7	6.115 9	8.612 8	14.231 8	31.948 0	69.388 9	146.192 0
20	3.869 7	4.661 0	5.604 4	6.727 5	9.646 3	16.366 5	38.337 6	86.736 2	190.049 6
21	4.140 6	5.033 8	6.108 8	7.400 2	10.803 8	18.821 5	46.005 1	108.420 0	247.064 5
22	4.430 4	5.436 5	6.658 5	8.140 3	12.100 3	21.644 7	55.206 1	135.525 0	321.183 9
23	4.740 5	5.871 5	7.257 9	8.954 3	13.552 3	24.891 5	66.247 4	169.406 0	417.539 1
24	5.072 4	6.341 2	7.911 1	9.849 7	15.178 6	28.625 2	79.496 8	211.758 0	542.800 8
25	5.427 4	6.848 5	8.623 1	10.834 7	17.000 1	32.919 0	95.396 2	264.697 0	705.641 0
26	5.807 4	7.396 4	9.399 2	11.918 2	19.040 1	37.856 8	114.475 5	330.872 2	917.333 3
27	6.213 9	7.988 1	10.245 1	13.110 0	21.324 9	43.535 3	137.370 6	413.590 3	1 192.533 3
28	6.648 8	8.627 1	11.167 1	14.421 0	23.883 9	50.065 6	164.844 7	516.987 9	1 550.293 3
29	7.114 3	9.317 3	12.172 2	15.863 1	26.749 9	57.575 5	197.813 6	646.234 9	2 015.381 3
30	7.612 3	10.062 7	13.267 7	17.449 0	29.959 9	66.211 8	237.376 3	807.793 6	2 619.995 6
31	8.145 1	10.867 7	14.461 8	19.194 3	33.555 1	76.143 5	284.851 6	1009.742 0	3 405.994 3
32	8.715 3	11.737 1	15.763 3	21.113 8	37.581 7	87.565 1	341.821 9	1262.177 4	4 427.792 6
33	9.325 3	12.676 0	17.182 0	23.225 2	42.091 5	100.699 8	410.186 3	1577.721 8	
34	9.978 1	13.690 1	18.728 4	25.547 7	47.142 5	115.804 8	492.223 5	1976.152 3	
35	10.676 6	14.785 3	20.414 0	28.102 4	52.799 6	133.175 5	590.668 2	2465.190 3	
40	14.974 5	21.724 5	31.409 4	45.259 3	93.051 0	267.863 5	1 469.771 6		
45	21.002 5	31.920 4	48.327 3	72.890 5	163.987 6	538.769 3	3 657.262 0		
50	29.457 0	48.901 6	74.357 5	117.390 9	289.002 2	1 083.657 4	9 100.438 2		
55	41.315 0	88.913 9	114.408 3	189.059 1					
60	57.946 4	101.257 1	176.031 3	304.481 6					
65	81.272 9	148.779 8	270.846 0	490.370 7					
70	113.989 4	218.606 4	416.730 1	789.747 0					
75	159.876 0	321.204 5	641.190 9	1 271.895 4					
80	224.234 4	471.954 8	986.551 7	2 048.400 2					
85	314.500 3	693.456 5	1 517.932 0	3 298.969 0					

附表 2   一次支付现值系数（P/F，i，n）表

n	0.75%	1%	1.5%	2%	2.5%	3%	4%	5%	6%
1	0.992 6	0.990 1	0.985 2	0.980 4	0.975 6	0.970 9	0.961 5	0.952 4	0.943 4
2	0.985 2	0.980 3	0.970 7	0.961 2	0.951 8	0.942 6	0.924 6	0.907 0	0.890 0
3	0.977 8	0.970 6	0.956 3	0.942 3	0.928 6	0.915 1	0.889 0	0.863 8	0.839 6
4	0.970 6	0.961 0	0.942 2	0.923 8	0.906 0	0.888 5	0.854 8	0.822 7	0.792 1
5	0.963 3	0.951 5	0.928 3	0.905 7	0.883 9	0.862 6	0.821 9	0.783 5	0.747 3
6	0.956 2	0.942 0	0.914 5	0.888 0	0.862 3	0.837 5	0.790 3	0.746 2	0.705 0
7	0.949 0	0.932 7	0.901 0	0.870 6	0.841 3	0.813 1	0.759 9	0.710 7	0.665 1
8	0.942 0	0.923 5	0.887 7	0.853 5	0.820 7	0.789 4	0.730 7	0.676 8	0.627 4
9	0.935 0	0.914 3	0.874 6	0.836 8	0.800 7	0.766 4	0.702 6	0.644 6	0.591 9
10	0.928 0	0.905 3	0.861 7	0.820 3	0.781 2	0.744 1	0.675 6	0.613 9	0.558 4
11	0.921 1	0.896 3	0.848 9	0.804 3	0.762 1	0.722 4	0.649 6	0.584 7	0.526 8
12	0.914 2	0.887 4	0.836 4	0.788 5	0.743 6	0.701 4	0.624 6	0.556 8	0.497 0
13	0.907 4	0.878 7	0.824 0	0.773 0	0.725 4	0.681 0	0.600 6	0.530 3	0.468 8
14	0.900 7	0.870 0	0.811 8	0.757 9	0.707 7	0.661 1	0.577 5	0.505 1	0.442 3
15	0.894 0	0.861 3	0.799 9	0.743 0	0.690 5	0.641 9	0.555 3	0.481 0	0.417 3
16	0.887 3	0.852 8	0.788 0	0.728 4	0.673 6	0.623 2	0.533 9	0.458 1	0.393 6
17	0.880 7	0.844 4	0.776 4	0.714 2	0.657 2	0.605 0	0.513 4	0.436 3	0.371 4
18	0.874 2	0.836 0	0.764 9	0.700 2	0.641 2	0.587 4	0.493 6	0.415 5	0.350 3
19	0.867 6	0.827 7	0.753 6	0.686 4	0.625 5	0.570 3	0.474 6	0.395 7	0.330 5
20	0.861 2	0.819 5	0.742 5	0.673 0	0.610 3	0.553 7	0.456 4	0.376 9	0.311 8
21	0.854 8	0.811 4	0.731 5	0.659 8	0.595 4	0.537 5	0.438 8	0.358 9	0.294 2
22	0.848 4	0.803 4	0.720 7	0.646 8	0.580 9	0.521 9	0.422 0	0.341 8	0.277 5
23	0.842 1	0.795 4	0.710 0	0.634 2	0.566 7	0.506 7	0.405 7	0.325 6	0.261 8
24	0.835 8	0.787 6	0.699 5	0.621 7	0.552 9	0.491 9	0.390 1	0.310 1	0.247 0
25	0.829 8	0.779 8	0.689 2	0.609 5	0.539 4	0.477 6	0.375 1	0.295 3	0.233 0
26	0.823 4	0.772 0	0.679 0	0.597 6	0.526 2	0.463 7	0.360 7	0.281 2	0.219 8
27	0.817 3	0.764 4	0.669 0	0.585 9	0.513 4	0.450 2	0.346 8	0.267 8	0.207 4
28	0.811 2	0.756 8	0.659 1	0.574 4	0.500 9	0.437 1	0.333 5	0.255 1	0.195 6
29	0.805 2	0.749 3	0.649 4	0.563 1	0.488 7	0.424 3	0.320 7	0.242 9	0.184 6
30	0.799 2	0.741 9	0.639 8	0.552 1	0.476 7	0.412 0	0.308 3	0.231 4	0.174 1
31	0.793 2	0.734 6	0.630 3	0.541 2	0.465 1	0.400 0	0.296 5	0.220 4	0.164 3
32	0.787 3	0.727 3	0.621 0	0.530 6	0.453 8	0.388 3	0.285 1	0.209 9	0.155 0
33	0.781 5	0.720 1	0.611 8	0.520 2	0.442 7	0.377 0	0.274 1	0.199 9	0.146 2
34	0.775 7	0.713 0	0.602 8	0.510 0	0.431 9	0.366 0	0.263 6	0.190 4	0.137 9
35	0.769 9	0.705 9	0.593 9	0.500 0	0.421 4	0.355 4	0.253 4	0.181 3	0.130 1
40	0.741 6	0.671 7	0.551 3	0.452 9	0.372 4	0.306 6	0.208 3	0.142 0	0.097 2
45	0.714 5	0.639 1	0.511 7	0.410 2	0.329 2	0.264 4	0.171 2	0.111 3	0.072 7
50	0.688 3	0.608 0	0.475 0	0.371 5	0.280 9	0.228 1	0.140 7	0.087 2	0.054 3
55	0.663 0	0.578 5	0.440 9	0.336 5	0.257 2	0.196 8	0.115 7	0.068 3	0.040 6
60	0.638 7	0.550 4	0.409 3	0.304 8	0.227 3	0.169 7	0.095 1	0.053 5	0.030 3
65	0.615 3	0.523 7	0.379 9	0.276 1	0.200 9	0.146 4	0.078 1	0.041 9	0.022 7
70	0.592 7	0.493 3	0.352 7	0.250 0	0.177 6	0.126 3	0.064 2	0.032 9	0.016 9
75	0.571 0	0.474 1	0.327 4	0.226 5	0.156 9	0.108 9	0.052 8	0.025 8	0.012 6
80	0.550 0	0.451 1	0.303 9	0.205 1	0.138 7	0.094 0	0.043 4	0.020 2	0.009 5
85	0.529 9	0.429 2	0.282 1	0.185 8	0.122 6	0.081 1	0.035 7	0.015 8	0.007 1

n	7%	8%	9%	10%	12%	15%	20%	25%	30%
1	0.934 6	0.925 9	0.917 4	0.909 1	0.892 9	0.869 6	0.833 3	0.800 0	0.769 2
2	0.873 4	0.857 3	0.841 7	0.826 4	0.797 2	0.756 1	0.694 4	0.640 0	0.591 7
3	0.816 3	0.793 8	0.772 2	0.751 3	0.711 8	0.657 5	0.578 7	0.512 0	0.455 2
4	0.762 9	0.735 0	0.708 4	0.683 0	0.635 5	0.571 8	0.482 3	0.409 6	0.350 1
5	0.731 0	0.680 6	0.649 9	0.620 9	0.567 4	0.497 2	0.401 9	0.327 7	0.269 3
6	0.666 3	0.630 2	0.596 3	0.564 5	0.506 6	0.432 3	0.334 9	0.262 1	0.207 2
7	0.622 7	0.583 5	0.547 0	0.513 2	0.452 3	0.375 9	0.279 1	0.209 7	0.159 4
8	0.582 0	0.540 3	0.501 9	0.466 5	0.403 9	0.326 9	0.232 6	0.167 8	0.122 6
9	0.543 9	0.500 2	0.460 4	0.424 1	0.360 6	0.284 3	0.193 8	0.134 2	0.094 3
10	0.508 3	0.463 2	0.422 4	0.385 5	0.322 0	0.247 2	0.161 5	0.107 4	0.072 5
11	0.475 1	0.428 9	0.387 5	0.350 5	0.287 5	0.214 9	0.134 6	0.085 9	0.055 8
12	0.444 0	0.397 1	0.355 5	0.318 6	0.256 7	0.186 9	0.112 2	0.068 7	0.042 9
13	0.415 0	0.367 7	0.326 2	0.289 7	0.229 2	0.162 5	0.093 5	0.055 0	0.033 0
14	0.387 8	0.340 5	0.299 2	0.263 3	0.204 6	0.141 3	0.077 9	0.044 0	0.025 4
15	0.362 4	0.315 2	0.274 5	0.239 4	0.182 7	0.122 9	0.064 9	0.035 2	0.019 5
16	0.338 7	0.291 9	0.251 9	0.217 6	0.163 1	0.106 9	0.054 1	0.028 1	0.015 0
17	0.316 6	0.270 3	0.231 1	0.197 8	0.145 6	0.092 9	0.045 1	0.022 5	0.011 6
18	0.295 9	0.250 2	0.212 0	0.179 9	0.130 0	0.080 8	0.037 6	0.018 0	0.008 9
19	0.276 5	0.231 7	0.194 5	0.163 5	0.116 1	0.070 3	0.031 3	0.014 4	0.006 8
20	0.258 4	0.214 5	0.178 4	0.148 6	0.103 7	0.061 1	0.026 1	0.011 5	0.005 3
21	0.241 5	0.198 7	0.163 7	0.135 1	0.092 6	0.053 1	0.021 7	0.009 2	0.004 0
22	0.225 7	0.183 9	0.150 2	0.122 8	0.082 6	0.046 2	0.018 1	0.007 4	0.003 1
23	0.210 9	0.170 3	0.137 8	0.111 7	0.073 8	0.040 2	0.015 1	0.005 9	0.002 4
24	0.197 1	0.157 7	0.126 4	0.101 5	0.065 9	0.034 9	0.012 6	0.004 7	0.001 8
25	0.184 2	0.146 0	0.116 0	0.092 3	0.058 8	0.030 4	0.010 5	0.003 8	0.001 4
26	0.172 2	0.135 2	0.106 4	0.083 9	0.052 5	0.026 4	0.008 7	0.003 0	0.001 1
27	0.160 9	0.125 2	0.097 6	0.076 3	0.046 9	0.023 0	0.007 3	0.002 4	0.000 8
28	0.150 4	0.115 9	0.089 5	0.069 3	0.041 9	0.020 0	0.006 1	0.001 9	0.000 6
29	0.140 6	0.107 3	0.082 2	0.063 0	0.037 4	0.017 4	0.005 1	0.001 5	0.000 5
30	0.131 4	0.099 4	0.075 4	0.057 3	0.033 4	0.015 1	0.004 2	0.001 2	0.000 4
31	0.122 8	0.092 0	0.069 1	0.052 1	0.029 8	0.013 1	0.003 5	0.001 0	0.000 3
32	0.114 7	0.085 2	0.063 4	0.047 4	0.026 6	0.011 4	0.002 9	0.000 8	0.000 2
33	0.107 2	0.078 9	0.058 2	0.043 1	0.023 8	0.009 9	0.002 4	0.000 6	0.000 2
34	0.100 2	0.073 0	0.053 4	0.039 1	0.021 2	0.008 6	0.002 0	0.000 5	0.000 1
35	0.093 7	0.067 6	0.049 0	0.035 6	0.018 9	0.007 5	0.001 7	0.000 4	0.000 1
40	0.066 8	0.046 0	0.031 8	0.022 1	0.010 7	0.003 7	0.000 7	0.000 1	
45	0.047 6	0.031 3	0.020 7	0.013 7	0.006 1	0.001 9	0.000 3		
50	0.033 9	0.021 3	0.013 4	0.008 5	0.003 5	0.000 9	0.000 1		
55	0.024 2	0.014 5	0.008 7	0.005 3	0.002 0	0.000 5			
60	0.017 3	0.009 9	0.005 7	0.003 3	0.001 1	0.000 2			
65	0.012 3	0.006 7	0.003 7	0.002 0	0.000 6	0.000 1			
70	0.008 8	0.004 6	0.002 4	0.001 3	0.000 4	0.000 1			
75	0.006 3	0.003 1	0.001 6	0.000 8	0.000 2				
80	0.004 5	0.002 1	0.001 0	0.000 5	0.000 1				
85	0.003 2	0.001 4	0.000 7	0.000 3	0.000 1				

附表 3　　　　　　　　　　　　等额支付终值系数（F/A, i, n）表

n	0.75%	1%	1.5%	2%	2.5%	3%	4%	5%	6%
1	1.000 0	1.000 0	1.000 0	1.000 0	1.000 0	1.000 0	1.000 0	1.000 0	1.000 0
2	2.007 5	2.010 0	2.015 0	2.020 0	2.025 0	2.030 0	2.040 0	2.050 0	2.060 0
3	3.022 6	3.030 1	3.045 2	3.060 4	3.075 6	3.090 9	3.121 6	3.152 5	3.183 6
4	4.045 2	4.060 4	4.090 9	4.121 6	4.152 5	4.183 6	4.246 5	4.310 1	4.374 6
5	5.075 6	5.101 0	5.152 3	5.204 0	5.256 3	5.309 1	5.416 3	5.525 6	5.637 1
6	6.113 6	6.152 0	6.229 6	6.308 1	6.387 7	6.468 4	6.633 0	6.801 9	6.975 3
7	7.159 5	7.213 5	7.323 2	7.434 3	7.547 4	7.662 5	7.898 3	8.142 0	8.393 8
8	8.213 2	8.285 7	8.432 8	8.583 0	8.736 1	8.892 3	9.214 2	9.549 1	9.897 5
9	9.274 8	9.368 5	9.559 3	9.754 6	9.954 5	10.159 1	10.582 8	11.026 6	11.491 3
10	10.344 3	10.462 2	10.702 7	10.949 7	11.203 4	11.463 9	12.006 1	12.577 9	13.180 8
11	11.421 6	11.566 8	11.863 3	12.168 7	12.483 5	12.807 8	13.486 4	14.206 8	14.971 6
12	12.507 6	12.682 5	13.041 2	13.412 1	13.795 6	14.192 0	15.025 8	15.917 1	16.869 9
13	13.601 4	13.809 3	14.236 8	14.680 3	15.140 4	15.617 8	16.626 8	17.713 0	18.882 1
14	14.703 4	14.947 4	15.450 4	15.973 9	16.519 0	17.086 3	18.291 9	19.598 6	21.015 1
15	15.813 7	16.096 9	16.682 1	17.293 4	17.931 9	18.598 9	20.023 6	21.578 6	23.276 0
16	16.932 3	17.257 9	17.932 4	18.639 3	19.380 2	20.156 9	21.824 5	23.657 5	25.672 5
17	18.059 3	18.430 4	19.201 4	20.012 1	20.864 7	21.761 6	23.697 5	25.840 4	28.212 9
18	19.194 7	19.614 7	20.489 4	21.412 3	22.386 3	23.414 4	25.645 4	28.132 4	30.905 7
19	20.338 7	20.810 9	21.796 7	22.840 6	23.946 0	25.116 9	27.671 2	30.539 0	33.760 0
20	21.491 2	22.019 0	23.123 7	24.297 4	25.544 7	26.870 4	29.778 1	33.066 0	36.785 6
21	22.652 4	23.239 2	24.470 5	25.783 3	27.183 3	28.676 5	31.969 2	35.719 3	39.992 7
22	23.822 3	24.471 6	25.837 6	27.299 0	28.862 9	30.536 8	34.248 0	38.505 2	43.392 3
23	25.001 0	25.716 3	27.225 1	28.845 0	30.584 4	32.452 9	36.617 9	41.430 5	46.995 8
24	26.188 5	26.973 5	28.633 5	30.421 9	32.349 0	34.426 5	39.082 6	44.502 0	50.815 6
25	27.384 9	28.243 2	30.063 0	32.030 3	34.157 8	36.459 3	41.645 9	47.727 1	54.864 5
26	28.590 3	29.525 6	31.514 0	33.670 9	36.011 7	38.553 0	44.311 7	51.113 5	59.156 4
27	29.804 7	30.820 9	32.986 7	35.344 3	37.912 0	40.709 6	47.084 2	54.669 1	63.705 8
28	31.028 2	32.129 1	34.481 5	37.051 2	39.859 8	42.930 9	49.967 6	58.402 6	68.528 1
29	32.260 9	33.450 4	35.998 7	38.792 2	41.856 3	45.218 9	52.966 3	62.322 7	73.639 8
30	33.502 9	34.784 9	37.538 7	40.568 1	43.902 7	47.575 4	56.084 9	66.438 8	79.058 2
31	34.754 2	36.132 7	39.101 8	42.379 4	46.000 3	50.002 7	59.328 3	70.760 8	84.801 7
32	36.014 8	37.494 1	40.688 3	44.227 0	48.150 3	52.502 8	62.701 5	75.298 8	90.889 8
33	37.284 9	38.869 0	42.298 6	46.111 3	50.354 0	55.077 8	66.209 5	80.063 8	97.343 2
34	38.564 6	40.257 7	43.933 1	48.033 8	52.612 9	57.730 2	69.857 9	85.067 0	104.183 8
35	39.853 8	41.660 3	45.592 1	49.994 5	54.928 2	60.462 1	73.652 2	90.320 3	111.434 8
40	46.446 5	48.886 4	54.267 9	60.402 0	67.402 6	75.401 3	95.025 5	120.799 8	154.762 0
45	53.290 1	56.481 1	63.614 2	71.892 7	81.516 1	92.719 9	121.029 4	159.700 2	212.743 5
50	60.394 3	64.463 2	73.682 8	84.579 4	97.484 3	112.796 9	152.667 1	209.348 0	290.335 9
55	67.768 8	72.852 5	84.529 6	98.586 5	115.550 9	136.071 6	191.159 2	272.712 6	394.172 0
60	75.424 1	81.669 7	96.214 7	114.051 5	135.991 6	163.053 4	237.990 7	353.583 7	533.128 2
65	83.370 9	90.936 6	108.802 8	131.126 2	159.118 3	194.332 8	294.968 4	456.798 0	719.082 9
70	91.620 1	100.676 3	122.363 8	149.977 9	185.284 1	230.594 1	364.290 5	588.528 5	967.932 2
75	100.183 3	110.912 8	136.972 8	170.791 8	214.888 3	272.630 9	448.631 4	756.653 7	1 300.948 7
80	109.072 5	121.671 5	152.710 9	193.772 0	248.382 7	321.363 0	551.245 0	971.228 8	1 746.599 9
85	118.300 1	132.979 0	169.665 2	219.143 9	286.278 6	377.857 0	676.090 1	1 245.087 1	2 342.981 7

n	7%	8%	9%	10%	12%	15%	20%	25%	30%
1	1.000 0	1.000 0	1.000 0	1.000 0	1.000 0	1.000 0	1.000 0	1.000 0	1.000 0
2	2.070 0	2.080 0	2.090 0	2.100 0	2.120 0	2.150 0	2.200 0	2.250 0	2.300 0
3	3.214 9	3.246 4	3.278 1	3.310 0	3.374 4	3.472 5	3.640 0	3.812 5	3.990 0
4	4.439 9	4.506 1	4.573 1	4.641 0	4.779 3	4.993 4	5.368 0	5.765 6	6.187 0
5	5.750 7	5.866 6	5.984 7	6.105 1	6.352 8	6.742 4	7.441 6	8.207 0	9.043 1
6	7.153 3	7.335 9	7.523 3	7.715 6	8.115 2	8.753 7	9.929 9	11.258 8	12.756 0
7	8.654 0	8.922 8	9.200 4	9.487 2	10.089 0	11.066 8	12.915 9	15.073 5	17.582 8
8	10.259 8	10.636 6	11.028 5	11.435 9	12.299 7	13.726 8	16.499 1	19.841 9	23.857 7
9	11.978 0	12.487 6	13.021 0	13.579 5	14.775 7	16.785 8	20.798 9	25.802 3	32.015 0
10	13.816 4	14.486 6	15.192 9	15.937 4	17.548 7	20.303 7	25.958 7	33.252 9	42.619 5
11	15.783 6	16.645 5	17.560 3	18.531 2	20.654 6	24.349 3	32.150 4	42.566 1	56.405 3
12	17.888 5	18.977 1	20.140 7	21.384 3	24.133 1	29.001 7	39.580 5	54.207 7	74.327 0
13	20.140 6	21.495 3	22.953 4	24.522 7	28.029 1	34.351 9	48.496 6	68.759 8	97.625 0
14	22.550 5	24.214 9	26.019 2	27.975 0	32.392 6	40.504 7	59.195 9	86.949 5	127.912 5
15	25.129 0	27.152 1	29.360 9	31.772 5	37.279 7	47.580 4	72.035 1	109.686 8	167.286 3
16	27.888 1	30.324 3	33.003 4	35.949 7	42.753 3	55.717 5	87.442 1	138.108 5	218.472 2
17	30.840 2	33.750 2	36.973 7	40.544 7	48.883 7	65.075 1	105.930 6	173.635 7	285.013 9
18	33.999 0	37.450 2	41.301 3	45.599 2	55.749 7	75.836 4	128.116 7	218.044 6	371.518 0
19	37.379 0	41.446 3	46.018 5	51.159 1	63.439 7	88.211 8	154.740 0	273.555 8	483.973 4
20	40.995 5	45.762 0	51.160 1	57.275 0	72.052 4	102.443 6	186.688 0	342.944 7	630.165 5
21	44.865 2	50.422 9	56.764 5	64.002 5	81.698 7	118.810 1	225.025 6	429.680 9	820.215 1
22	49.005 7	55.456 8	62.873 3	71.402 7	92.502 6	137.631 6	271.030 7	538.101 1	1 067.279 6
23	53.436 1	60.893 3	69.531 9	79.543 0	104.602 9	159.276 4	326.236 9	673.626 4	1 388.463 5
24	58.176 7	66.764 8	76.789 8	88.497 3	118.155 2	184.167 8	392.484 2	843.032 9	1 806.002 6
25	63.249 0	73.105 9	84.700 9	98.347 1	133.333 9	212.793 0	471.981 1	1 054.791 2	2 348.803 2
26	68.676 5	79.954 4	93.324 0	109.181 8	150.333 9	245.712 0	567.377 3	1 319.489 0	3 054.444 3
27	74.483 8	87.350 8	102.723 1	121.099 9	169.374 0	283.568 8	681.852 8	1 650.361 2	3 971.777 6
28	80.697 7	95.338 8	112.968 2	134.209 9	190.698 9	327.104 1	819.223 3	2 063.951 5	5 164.310 9
29	87.346 5	103.965 9	124.135 4	148.630 9	214.582 8	377.169 7	984.068 0	2 580.939 4	6 714.604 2
30	94.460 8	113.283 2	136.307 5	164.494 0	241.332 7	434.745 1	1 181.881 6	3 227.174 3	8 729.985 5
31	102.073 0	123.345 9	149.575 2	181.943 4	271.292 6	500.956 9	1 419.257 9	4 034.967 8	11 349.981 1
32	110.218 2	134.213 5	164.037 0	201.137 8	304.847 7	577.100 5	1 704.109 5	5 044.709 8	14 755.975 5
33	118.933 4	145.950 6	178.800 3	222.251 5	342.429 4	664.665 5	2 045.931 4	6 306.887 2	19 183.768 1
34	128.258 8	158.626 7	196.982 3	245.476 7	384.521 0	765.365 4	2 456.117 6	7 884.609 1	24 939.898 5
35	138.236 9	172.316 8	215.710 8	271.024 4	431.663 5	881.170 2	2 948.341 1	9 856.761 3	32 422.868 1
40	199.635 1	259.056 5	337.882 4	442.592 6	767.091 4	1 779.090 3	7 343.857 8	30 088.655 4	
45	285.749 3	386.505 6	525.858 7	718.904 8	1 358.230 0	3 585.128 5	18 281.309 9	91 831.496 2	
50	406.528 9	573.770 2	815.083 6	1 163.908 5	2 400.018 2	7 217.716 3	45 479.190 8		
55	575.928 6	848.923 2	1 260.091 8	1 880.591 4					
60	813.520 4	1 253.213 3	1 944.792 1	3 034.816 4					
65	1 146.755 2	1 847.248 1	2 998.288 5	4 893.707 3					
70	1 614.134 2	2 720.080 1	4 619.223 2	7 887.469 6					
75	2 269.657 4	4 002.556 6	7 113.232 1	12 708.953 7					
80	3 189.062 7	5 886.935 4	10 950.574 1	20 474.002 1					
85	4 478.576 1	8 655.706 1	16 854.800 3	32 979.690 3					

附表 4 　　　　　　　　　　　　等额支付偿债基金系数 $(A/F, i, n)$ 表

n	0.75%	1%	1.5%	2%	2.5%	3%	4%	5%	6%
1	1.000 0	1.000 0	1.000 0	1.000 0	1.000 0	1.000 0	1.000 0	1.000 0	1.000 0
2	0.498 1	0.497 5	0.496 3	0.495 0	0.493 8	0.492 6	0.490 2	0.487 8	0.485 4
3	0.330 8	0.330 0	0.328 4	0.326 8	0.325 1	0.323 5	0.320 3	0.317 2	0.314 1
4	0.247 2	0.246 3	0.244 4	0.242 6	0.240 8	0.239 0	0.235 5	0.232 0	0.228 6
5	0.197 0	0.196 0	0.194 1	0.192 2	0.190 2	0.188 4	0.184 6	0.181 0	0.177 4
6	0.163 6	0.162 5	0.160 5	0.158 5	0.156 5	0.154 6	0.150 8	0.147 0	0.143 4
7	0.139 7	0.138 6	0.136 6	0.134 5	0.132 5	0.130 5	0.126 6	0.122 8	0.119 1
8	0.121 8	0.120 7	0.118 6	0.116 5	0.114 5	0.112 5	0.108 5	0.104 7	0.101 0
9	0.107 8	0.106 7	0.104 6	0.102 5	0.100 5	0.098 4	0.094 5	0.090 7	0.087 0
10	0.096 7	0.095 6	0.093 4	0.091 3	0.089 3	0.087 2	0.083 3	0.079 5	0.075 9
11	0.087 6	0.086 5	0.084 3	0.082 2	0.080 1	0.078 1	0.074 1	0.070 4	0.066 8
12	0.080 0	0.078 8	0.076 7	0.074 6	0.072 5	0.070 5	0.066 6	0.062 8	0.059 3
13	0.073 5	0.072 4	0.070 2	0.068 1	0.066 0	0.064 0	0.060 1	0.056 5	0.053 0
14	0.068 0	0.066 9	0.064 7	0.062 6	0.060 5	0.058 5	0.054 7	0.051 0	0.047 6
15	0.063 2	0.062 1	0.059 9	0.057 8	0.055 8	0.053 8	0.049 9	0.046 3	0.043 0
16	0.059 1	0.057 9	0.055 8	0.053 7	0.051 6	0.049 6	0.045 8	0.042 3	0.039 0
17	0.055 4	0.054 3	0.052 1	0.050 0	0.047 9	0.046 0	0.042 2	0.038 7	0.035 4
18	0.052 1	0.051 0	0.048 8	0.046 7	0.044 7	0.042 7	0.039 0	0.035 5	0.032 4
19	0.049 2	0.048 1	0.045 9	0.043 8	0.041 8	0.039 8	0.036 1	0.032 7	0.029 6
20	0.046 5	0.045 4	0.043 2	0.041 2	0.039 1	0.037 2	0.033 6	0.030 2	0.027 2
21	0.044 1	0.043 0	0.040 9	0.038 8	0.036 8	0.034 9	0.031 3	0.028 0	0.025 0
22	0.042 0	0.040 9	0.038 7	0.036 6	0.034 6	0.032 7	0.029 2	0.026 0	0.023 0
23	0.040 0	0.038 9	0.036 7	0.034 7	0.032 7	0.030 8	0.027 3	0.024 1	0.021 3
24	0.038 2	0.037 1	0.034 9	0.032 9	0.030 9	0.029 0	0.025 6	0.022 5	0.019 7
25	0.036 5	0.035 4	0.033 3	0.031 2	0.029 3	0.027 4	0.024 0	0.021 0	0.018 2
26	0.035 0	0.033 9	0.031 7	0.029 7	0.027 8	0.025 9	0.022 6	0.019 6	0.016 9
27	0.033 6	0.032 4	0.030 3	0.028 3	0.026 4	0.024 6	0.021 2	0.018 3	0.015 7
28	0.032 2	0.031 1	0.029 0	0.027 0	0.025 1	0.023 3	0.020 0	0.017 1	0.014 6
29	0.031 0	0.029 9	0.027 8	0.025 8	0.023 9	0.022 1	0.018 9	0.016 0	0.013 6
30	0.029 8	0.028 7	0.026 6	0.024 6	0.022 8	0.021 0	0.017 8	0.015 1	0.012 6
31	0.028 8	0.027 7	0.025 6	0.023 6	0.021 7	0.020 0	0.016 9	0.014 1	0.011 8
32	0.027 8	0.026 7	0.024 6	0.022 6	0.020 8	0.019 0	0.015 9	0.013 3	0.011 0
33	0.026 8	0.025 7	0.023 6	0.021 7	0.019 9	0.018 2	0.015 1	0.012 5	0.010 3
34	0.025 9	0.024 8	0.022 8	0.020 8	0.019 0	0.017 3	0.014 3	0.011 8	0.009 6
35	0.025 1	0.024 0	0.021 9	0.020 0	0.018 2	0.016 5	0.013 6	0.011 1	0.009 0
40	0.021 5	0.020 5	0.018 4	0.016 6	0.014 8	0.013 3	0.010 5	0.008 3	0.006 5
45	0.018 8	0.017 7	0.015 7	0.013 9	0.012 3	0.010 8	0.008 3	0.006 3	0.004 7
50	0.016 6	0.015 5	0.013 6	0.011 8	0.010 3	0.008 9	0.006 6	0.004 8	0.003 4
55	0.014 8	0.013 7	0.011 8	0.010 1	0.008 7	0.007 3	0.005 2	0.003 7	0.002 5
60	0.013 3	0.012 2	0.010 4	0.008 8	0.007 4	0.006 1	0.004 2	0.002 8	0.001 9
65	0.012 0	0.011 0	0.009 2	0.007 7	0.006 3	0.005 1	0.003 4	0.002 2	0.001 4
70	0.010 9	0.009 9	0.008 2	0.006 7	0.005 4	0.004 3	0.002 7	0.001 7	0.001 0
75	0.010 0	0.009 0	0.007 3	0.005 9	0.004 7	0.003 7	0.002 2	0.001 3	0.000 8
80	0.009 2	0.008 2	0.006 5	0.005 2	0.004 0	0.003 1	0.001 8	0.001 0	0.000 6
85	0.008 5	0.007 5	0.005 9	0.004 6	0.003 5	0.002 6	0.001 5	0.000 8	0.000 4

n	7%	8%	9%	10%	12%	15%	20%	25%	30%
1	1.000 0	1.000 0	1.000 0	1.000 0	1.000 0	1.000 0	1.000 0	1.000 0	1.000 0
2	0.483 1	0.480 8	0.478 5	0.476 2	0.471 7	0.465 1	0.454 5	0.444 4	0.434 8
3	0.311 1	0.308 0	0.305 1	0.302 1	0.296 3	0.288 0	0.274 7	0.262 3	0.250 6
4	0.225 2	0.221 9	0.218 7	0.215 5	0.209 2	0.200 3	0.186 3	0.173 4	0.161 6
5	0.173 9	0.170 5	0.167 1	0.163 8	0.157 4	0.148 3	0.134 4	0.121 8	0.110 6
6	0.139 8	0.136 3	0.132 9	0.126 9	0.123 2	0.114 2	0.100 7	0.088 8	0.078 4
7	0.115 6	0.112 1	0.108 7	0.105 4	0.099 1	0.090 4	0.077 4	0.066 3	0.056 9
8	0.097 5	0.094 0	0.090 7	0.087 4	0.081 3	0.072 9	0.060 6	0.050 4	0.041 9
9	0.083 5	0.080 1	0.076 8	0.073 6	0.067 7	0.059 6	0.048 1	0.038 8	0.031 2
10	0.072 4	0.069 0	0.065 8	0.062 7	0.057 0	0.049 3	0.038 5	0.030 1	0.023 5
11	0.063 4	0.060 1	0.056 9	0.054 0	0.048 4	0.041 1	0.031 1	0.023 5	0.017 7
12	0.055 9	0.052 7	0.049 7	0.046 8	0.041 4	0.034 5	0.025 3	0.018 4	0.013 5
13	0.049 7	0.046 5	0.043 6	0.040 8	0.035 7	0.029 1	0.020 6	0.014 5	0.010 2
14	0.044 3	0.041 3	0.038 4	0.035 7	0.030 9	0.024 7	0.016 9	0.011 5	0.007 8
15	0.039 8	0.036 8	0.034 1	0.031 5	0.026 8	0.021 0	0.013 9	0.009 1	0.006 0
16	0.035 9	0.033 0	0.030 3	0.027 8	0.023 4	0.017 9	0.011 4	0.007 2	0.004 6
17	0.032 4	0.029 6	0.027 0	0.024 7	0.020 5	0.015 4	0.009 4	0.005 8	0.003 5
18	0.029 4	0.026 7	0.024 2	0.021 9	0.017 9	0.013 2	0.007 8	0.004 6	0.002 7
19	0.026 8	0.024 1	0.021 7	0.019 5	0.015 8	0.011 3	0.006 5	0.003 7	0.002 1
20	0.024 4	0.021 9	0.019 5	0.017 5	0.013 9	0.009 8	0.005 4	0.002 9	0.001 6
21	0.022 3	0.019 8	0.017 6	0.015 6	0.012 2	0.008 4	0.004 4	0.002 3	0.001 2
22	0.020 4	0.018 0	0.015 9	0.014 0	0.010 8	0.007 3	0.003 7	0.001 9	0.000 9
23	0.018 7	0.016 4	0.014 4	0.012 6	0.009 6	0.006 3	0.003 1	0.001 5	0.000 7
24	0.017 2	0.015 0	0.013 0	0.011 3	0.008 5	0.005 4	0.002 5	0.001 2	0.000 6
25	0.015 8	0.013 7	0.011 8	0.010 2	0.007 5	0.004 7	0.002 1	0.000 9	0.000 4
26	0.014 6	0.012 5	0.010 7	0.009 2	0.006 7	0.004 1	0.001 8	0.000 8	0.000 3
27	0.013 4	0.011 4	0.009 7	0.008 3	0.005 9	0.003 5	0.001 5	0.000 6	0.000 3
28	0.012 4	0.010 5	0.008 9	0.007 5	0.005 2	0.003 1	0.001 2	0.000 5	0.000 2
29	0.011 4	0.009 6	0.008 1	0.006 7	0.004 7	0.002 7	0.001 0	0.000 4	0.000 1
30	0.010 6	0.008 8	0.007 3	0.006 1	0.004 1	0.002 3	0.000 8	0.000 3	0.000 1
31	0.009 8	0.008 1	0.006 7	0.005 5	0.003 7	0.002 0	0.000 7	0.000 2	0.000 1
32	0.009 1	0.007 5	0.006 1	0.005 0	0.003 3	0.001 7	0.000 6	0.000 2	0.000 1
33	0.008 4	0.006 9	0.005 6	0.004 5	0.002 9	0.001 5	0.000 5	0.000 2	0.000 1
34	0.007 8	0.006 3	0.005 1	0.004 1	0.002 6	0.001 3	0.000 4	0.000 1	
35	0.007 2	0.005 8	0.004 6	0.003 7	0.002 3	0.001 1	0.000 3	0.000 1	
40	0.005 0	0.003 9	0.003 0	0.002 3	0.001 3	0.000 6	0.000 1		
45	0.003 5	0.002 6	0.001 9	0.001 4	0.000 7	0.000 3	0.000 1		
50	0.002 5	0.001 7	0.001 2	0.000 9	0.000 4	0.000 1			
55	0.001 7	0.001 2	0.000 8	0.000 5	0.000 2	0.000 1			
60	0.001 2	0.000 8	0.000 5	0.000 3	0.000 1				
65	0.000 9	0.000 5	0.000 3	0.000 2	0.000 1				
70	0.000 6	0.000 4	0.000 2	0.000 1					
75	0.000 4	0.000 2	0.000 1	0.000 1					
80	0.000 3	0.000 2	0.000 1						
85	0.000 2	0.000 1	0.000 1						

附表 5　　　　　　　　　　等额支付现值系数（P/A，i，n）表

n	0.75%	1%	1.5%	2%	2.5%	3%	4%	5%	6%
1	0.992 6	0.990 1	0.985 2	0.980 4	0.975 6	0.970 9	0.961 5	0.952 4	0.943 4
2	1.977 7	1.970 4	1.955 9	1.941 6	1.927 4	1.913 5	1.886 1	1.859 4	1.833 4
3	2.955 6	2.941 0	2.912 2	2.883 9	2.856 0	2.828 6	2.775 1	2.723 2	2.673 0
4	3.926 1	3.902 0	3.854 4	3.807 7	3.762 0	3.717 1	3.629 9	3.546 0	3.465 1
5	4.889 4	4.853 4	4.782 6	4.713 5	4.645 8	4.579 7	4.451 8	4.329 5	4.212 4
6	5.845 6	5.795 5	5.697 2	5.601 4	5.508 1	5.417 2	5.242 1	5.075 7	4.917 3
7	6.794 6	6.728 2	6.598 2	6.472 0	6.349 4	6.230 3	6.002 1	5.786 4	5.582 4
8	7.736 6	7.651 7	7.485 9	7.325 5	7.170 1	7.019 7	6.732 7	6.463 2	6.209 8
9	8.671 6	8.566 0	8.360 5	8.162 2	7.970 9	7.786 1	7.435 3	7.107 8	6.801 7
10	9.599 6	9.471 3	9.222 2	8.982 6	8.752 1	8.530 2	8.110 9	7.721 7	7.360 1
11	10.502 7	10.367 6	10.071 1	9.786 8	9.514 2	9.252 6	8.760 5	8.306 4	7.886 9
12	11.434 9	11.255 1	10.907 5	10.575 3	10.257 8	9.954 0	9.385 1	8.863 3	8.383 8
13	12.342 3	12.133 7	11.731 5	11.348 4	10.983 2	10.635 0	9.985 6	9.393 9	8.852 7
14	13.243 0	13.003 7	12.543 4	12.106 2	11.690 9	11.296 1	10.563 1	9.898 6	9.295 0
15	14.137 0	13.865 1	13.343 2	12.849 3	12.381 4	11.937 9	11.118 4	10.379 7	9.712 2
16	15.024 3	14.717 9	14.131 3	13.577 7	13.055 0	12.561 1	11.652 3	10.837 8	10.105 9
17	15.905 0	15.562 3	14.907 6	14.291 9	13.712 2	13.166 1	12.165 7	11.274 1	10.477 3
18	16.779 2	16.398 3	15.672 6	14.992 0	14.353 4	13.753 5	12.659 3	11.689 6	10.827 6
19	17.646 8	17.226 0	16.426 2	15.678 5	14.978 9	14.323 8	13.133 9	12.085 3	11.158 1
20	18.508 0	18.045 6	17.168 6	16.351 4	15.589 2	14.877 5	13.590 3	12.462 2	11.469 9
21	19.362 8	18.857 0	17.900 1	17.011 2	16.184 5	15.415 0	14.029 2	12.821 2	11.764 1
22	20.211 2	19.660 4	18.620 8	17.658 0	16.765 4	15.936 9	14.451 1	13.163 0	12.041 6
23	21.053 3	20.455 8	19.330 9	18.292 2	17.332 1	16.443 6	14.856 8	13.488 6	12.303 4
24	21.889 1	21.243 4	20.030 4	18.913 9	17.885 0	16.935 5	15.247 0	13.798 6	12.550 4
25	22.718 8	22.023 2	20.719 6	19.523 5	18.424 4	17.413 1	15.622 1	14.093 9	12.783 4
26	23.542 2	22.795 2	21.398 6	20.121 0	18.950 6	17.876 8	15.982 8	14.375 2	13.003 2
27	24.359 5	23.559 6	22.067 6	20.706 9	19.464 0	18.327 0	16.329 6	14.643 0	13.210 5
28	25.170 7	24.316 4	22.726 7	21.281 3	19.964 9	18.764 1	16.663 1	14.898 1	13.406 2
29	25.975 9	25.065 8	23.376 1	21.844 4	20.453 5	19.188 5	16.983 7	15.141 1	13.590 7
30	26.775 1	25.807 7	24.015 8	22.396 5	20.930 3	19.600 4	17.292 0	15.372 5	13.764 8
31	27.568 3	26.542 3	24.646 1	22.937 7	21.395 4	20.000 4	17.588 5	15.592 8	13.929 1
32	28.355 7	27.269 6	25.267 1	23.468 3	21.849 2	20.388 8	17.873 6	15.802 7	14.084 0
33	29.137 1	27.989 7	25.879 0	23.988 6	22.291 9	20.765 8	18.147 6	16.002 5	14.230 2
34	29.912 8	28.702 7	26.481 7	24.498 6	22.723 8	21.131 8	18.411 2	16.192 9	14.368 1
35	30.682 7	29.408 6	27.075 6	24.998 6	23.145 2	21.487 2	18.664 6	16.374 2	14.498 2
40	34.446 9	32.834 7	29.915 8	27.355 5	25.102 8	23.114 8	19.792 8	17.159 1	15.046 3
45	38.073 2	36.094 5	32.552 3	29.490 2	26.833 0	24.518 7	20.720 0	17.774 1	15.455 8
50	41.566 4	39.196 1	34.999 7	31.423 6	28.362 3	25.729 8	21.482 2	18.255 9	15.761 9
55	44.931 6	42.147 2	37.271 5	33.174 8	29.714 0	26.774 4	22.108 6	18.633 5	15.990 5
60	48.173 4	44.955 0	39.380 3	34.760 9	30.908 7	27.675 6	22.623 5	18.929 3	16.161 4
65	51.296 3	47.626 6	41.337 8	36.197 5	31.964 6	28.452 9	23.046 7	19.161 1	16.289 1
70	54.304 6	50.168 5	43.154 9	37.498 6	32.897 9	29.123 4	23.394 5	19.342 7	16.384 5
75	57.202 7	52.587 1	44.841 6	38.677 1	33.722 7	29.701 8	23.680 4	19.485 0	16.455 8
80	59.994 4	54.888 2	46.407 3	39.744 5	34.451 8	30.200 8	23.915 4	19.596 5	16.509 1
85	62.683 8	57.077 7	47.860 7	40.711 3	35.096 2	30.631 2	24.108 5	19.683 8	16.548 9

n	7%	8%	9%	10%	12%	15%	20%	25%	30%
1	0.934 6	0.925 9	0.917 4	0.909 1	0.892 9	0.869 6	0.833 3	0.800 0	0.769 2
2	0.808 0	1.783 3	1.759 1	1.735 5	1.690 1	1.625 7	1.527 8	1.440 0	1.360 9
3	2.624 3	2.577 1	2.531 3	2.486 9	2.401 8	2.283 2	2.106 5	1.952 0	1.816 1
4	3.387 2	3.312 1	3.239 7	3.169 9	3.037 3	2.855 0	2.588 7	2.361 6	2.166 2
5	4.100 2	3.992 7	3.889 7	3.790 8	3.604 8	3.352 2	2.990 6	2.689 3	2.435 6
6	4.766 5	4.622 9	4.485 9	4.355 3	4.111 4	3.784 5	3.325 5	2.951 4	2.642 7
7	5.389 3	5.206 4	5.033 0	4.868 4	4.563 8	4.160 4	3.604 6	3.161 1	2.802 1
8	5.9713	5.746 6	5.534 8	5.334 9	4.967 6	4.487 3	3.837 2	3.328 9	2.924 7
9	6.515 2	6.246 9	5.995 2	5.759 0	5.328 2	4.771 6	4.031 0	3.463 1	3.019 0
10	7.023 6	6.710 1	6.417 7	6.144 6	5.650 2	5.018 8	4.192 5	3.570 5	3.091 5
11	7.498 7	7.139 0	6.805 2	6.495 1	5.937 7	5.233 7	4.327 1	3.656 4	3.147 3
12	7.942 7	7.536 1	7.160 7	6.813 7	6.194 4	5.420 6	4.439 2	3.725 1	3.190 3
13	8.357 7	7.903 8	7.486 9	7.103 4	6.423 5	5.583 1	4.532 7	3.780 1	3.223 3
14	8.745 5	8.244 2	7.786 2	7.366 7	6.628 2	5.724 5	4.610 6	3.824 1	3.248 7
15	9.107 9	8.559 5	8.060 7	7.606 1	6.810 9	5.847 4	4.675 5	3.859 3	3.268 2
16	9.448 6	8.851 4	8.312 6	7.823 7	6.974 0	5.954 2	4.729 6	3.887 4	3.283 2
17	9.763 2	9.121 6	8.543 6	8.021 6	7.119 6	6.047 2	4.774 6	3.909 9	3.294 8
18	10.059 1	9.371 9	8.755 6	8.201 4	7.249 7	6.128 0	4.812 2	3.927 9	3.303 7
19	10.335 6	9.603 6	8.950 1	8.364 9	7.365 8	6.198 2	4.843 5	3.942 4	3.310 5
20	10.594 0	9.818 1	9.128 5	8.513 6	7.469 4	6.259 3	4.869 6	3.953 9	3.315 8
21	10.835 5	10.016 8	9.292 2	8.648 7	7.562 0	6.312 5	4.891 3	3.963 1	3.319 8
22	11.061 2	10.200 7	9.442 4	8.771 5	7.644 6	6.358 7	4.909 4	3.970 5	3.323 0
23	11.272 2	10.371 1	9.580 2	8.883 2	7.718 4	6.398 8	4.924 5	3.976 4	3.325 4
24	11.469 3	10.528 8	9.706 6	8.984 7	7.784 3	6.433 8	4.937 1	3.981 1	3.327 2
25	11.653 6	10.674 8	9.822 6	9.077 0	7.843 1	6.464 1	4.947 6	3.984 9	3.328 6
26	11.825 8	10.810 0	9.929 0	9.160 9	7.895 7	6.490 6	4.956 3	3.987 9	3.329 7
27	11.986 7	10.935 2	10.026 6	9.237 2	7.942 6	6.513 5	4.963 6	3.990 3	3.330 5
28	12.137 1	11.051 1	10.116 1	9.308 6	7.924 4	6.533 5	4.969 7	3.992 3	3.331 2
29	12.277 7	11.158 4	10.198 3	9.369 6	8.021 8	6.550 9	4.974 7	3.993 8	3.331 7
30	12.409 0	11.257 8	10.273 7	9.426 9	8.055 2	6.566 0	4.978 9	3.995 0	3.332 1
31	12.531 8	11.349 8	10.342 8	9.479 0	8.085 0	6.579 1	4.982 4	3.996 0	3.332 4
32	12.646 6	11.435 0	10.406 2	9.526 4	8.111 6	6.590 5	4.985 4	3.996 8	3.332 6
33	12.753 8	11.513 9	10.464 4	9.569 4	8.135 4	6.600 5	4.987 8	3.997 5	3.332 8
34	12.854 0	11.586 9	10.517 8	9.608 6	8.156 6	6.609 1	4.989 8	3.998 0	3.332 9
35	12.947 7	11.654 6	10.566 8	9.644 2	8.175 5	6.616 6	4.991 5	3.998 4	3.333 0
40	13.331 7	11.924 6	10.757 4	9.779 1	8.243 8	6.641 8	4.996 6	3.999 5	3.333 2
45	13.605 5	12.108 4	10.881 2	9.862 8	8.282 5	6.654 3	4.998 6	3.998 8	3.333 3
50	13.800 7	12.233 5	10.961 7	9.914 8	8.304 5	6.660 5	4.999 5	3.999 9	3.333 3
55	13.939 9	12.318 6	11.014 0	9.947 1	8.317 0	6.663 6	4.999 8	4.000 0	3.333 3
60	14.039 2	12.376 6	11.048 0	9.967 2	8.324 0	6.665 1	4.999 9	4.000 0	3.333 3
65	14.109 9	12.416 0	11.070 1	9.979 6	8.328 1	6.665 9	5.000 0	4.000 0	3.333 3
70	14.160 4	12.442 8	11.084 4	9.987 3	8.330 1	6.666 5	5.000 0	4.000 0	3.333 3
75	14.196 4	12.461 1	11.093 8	9.992 1	8.331 6	6.666 5	5.000 0	4.000 0	3.333 3
80	14.222 0	12.473 5	11.099 8	9.995 1	8.332 4	6.666 6	5.000 0	4.000 0	3.333 3
85	14.240 3	12.482 0	11.103 8	9.997 0	8.332 8	6.666 6	5.000 0	4.000 0	3.333 3

附表 6　　　　　　　　　　　等额支付资金回收系数（A/P，i，n）表

n	0.75%	1%	1.5%	2%	2.5%	3%	4%	5%	6%
1	1.007 5	1.010 0	1.015 0	1.020 0	1.025 0	1.030 0	1.040 0	1.050 0	1.060 0
2	0.505 6	0.507 5	0.511 3	0.515 0	0.518 8	0.522 6	0.530 2	0.537 8	0.545 4
3	0.338 3	0.340 0	0.343 4	0.346 8	0.350 1	0.353 5	0.360 3	0.367 2	0.374 1
4	0.254 7	0.256 3	0.259 4	0.262 6	0.265 8	0.269 0	0.275 5	0.282 0	0.288 6
5	0.204 5	0.206 0	0.209 1	0.212 2	0.215 2	0.218 4	0.224 6	0.231 0	0.237 4
6	0.171 1	0.172 5	0.175 5	0.178 5	0.181 5	0.184 6	0.190 8	0.197 0	0.203 4
7	0.147 2	0.148 6	0.151 6	0.154 5	0.157 5	0.160 5	0.166 6	0.172 8	0.179 1
8	0.129 3	0.130 7	0.133 6	0.136 5	0.139 5	0.142 5	0.148 5	0.154 7	0.161 0
9	0.115 3	0.116 7	0.119 6	0.122 5	0.125 5	0.128 4	0.134 5	0.140 7	0.147 0
10	0.104 2	0.105 6	0.108 4	0.111 3	0.114 3	0.117 2	0.123 3	0.129 5	0.135 9
11	0.095 1	0.096 5	0.099 3	0.102 2	0.105 1	0.108 1	0.114 1	0.120 4	0.126 8
12	0.087 5	0.088 8	0.091 7	0.094 6	0.097 5	0.100 5	0.106 6	0.112 8	0.119 3
13	0.081 0	0.082 4	0.085 2	0.088 1	0.091 0	0.094 0	0.100 1	0.106 5	0.113 0
14	0.075 5	0.076 9	0.079 7	0.082 6	0.085 5	0.088 5	0.094 7	0.101 0	0.107 6
15	0.070 7	0.072 1	0.074 9	0.077 8	0.080 8	0.083 8	0.089 9	0.096 3	0.103 0
16	0.066 6	0.067 9	0.070 8	0.073 7	0.076 6	0.079 6	0.085 8	0.092 3	0.099 0
17	0.062 9	0.064 3	0.067 1	0.070 0	0.072 9	0.076 0	0.082 2	0.088 7	0.095 4
18	0.059 6	0.061 0	0.063 8	0.066 7	0.069 7	0.072 7	0.079 0	0.085 5	0.092 4
19	0.056 7	0.058 1	0.060 9	0.063 8	0.066 8	0.069 8	0.076 1	0.082 7	0.089 6
20	0.054 0	0.055 4	0.058 2	0.061 2	0.064 1	0.067 2	0.073 6	0.080 2	0.087 2
21	0.051 6	0.053 0	0.055 9	0.058 8	0.061 8	0.064 9	0.071 3	0.078 0	0.085 0
22	0.049 5	0.050 9	0.053 7	0.056 6	0.059 6	0.062 7	0.069 2	0.076 0	0.083 0
23	0.047 5	0.048 9	0.051 7	0.054 7	0.057 7	0.060 8	0.067 3	0.074 1	0.081 3
24	0.045 7	0.047 1	0.049 9	0.052 9	0.055 9	0.059 0	0.065 6	0.072 5	0.079 7
25	0.044 0	0.045 4	0.048 3	0.051 2	0.054 3	0.057 4	0.064 0	0.071 0	0.078 2
26	0.042 5	0.043 9	0.046 7	0.049 7	0.052 8	0.055 9	0.062 6	0.069 6	0.076 9
27	0.041 1	0.042 4	0.045 3	0.048 3	0.051 4	0.054 6	0.061 2	0.068 3	0.075 7
28	0.039 7	0.041 1	0.044 0	0.047 0	0.050 1	0.053 3	0.060 0	0.067 1	0.074 6
29	0.038 5	0.039 9	0.042 8	0.045 8	0.048 9	0.052 1	0.058 9	0.066 0	0.073 6
30	0.037 3	0.038 7	0.041 6	0.044 6	0.047 8	0.051 0	0.057 8	0.065 1	0.072 6
31	0.036 3	0.037 7	0.040 6	0.043 6	0.046 7	0.050 0	0.056 9	0.064 1	0.071 8
32	0.035 3	0.036 7	0.039 6	0.042 7	0.045 8	0.049 0	0.055 9	0.063 3	0.071 0
33	0.034 3	0.035 7	0.038 6	0.041 7	0.044 9	0.048 2	0.055 1	0.062 5	0.070 3
34	0.033 4	0.034 8	0.037 8	0.040 8	0.044 0	0.047 3	0.054 3	0.061 8	0.069 6
35	0.032 6	0.034 0	0.036 9	0.040 0	0.043 2	0.046 5	0.053 6	0.061 1	0.069 0
40	0.029 0	0.030 5	0.033 4	0.036 6	0.039 8	0.043 3	0.050 5	0.058 3	0.066 5
45	0.026 3	0.027 7	0.030 7	0.033 9	0.037 3	0.040 8	0.048 3	0.056 3	0.064 7
50	0.024 1	0.025 5	0.028 6	0.031 8	0.035 3	0.038 9	0.046 6	0.054 8	0.063 4
55	0.022 3	0.023 7	0.026 8	0.030 1	0.033 7	0.037 3	0.045 2	0.053 7	0.062 5
60	0.020 8	0.022 2	0.025 4	0.028 8	0.032 4	0.036 1	0.044 2	0.052 8	0.061 9
65	0.019 5	0.021 0	0.024 2	0.027 6	0.031 3	0.035 1	0.043 4	0.052 2	0.061 4
70	0.018 4	0.019 9	0.023 2	0.026 7	0.030 4	0.034 3	0.042 7	0.051 7	0.061 0
75	0.017 5	0.019 0	0.022 3	0.025 9	0.029 7	0.033 7	0.042 2	0.051 3	0.060 8
80	0.016 7	0.018 2	0.021 5	0.025 2	0.029 0	0.033 1	0.041 8	0.051 0	0.060 6
85	0.016 0	0.017 5	0.020 9	0.024 6	0.028 5	0.032 6	0.041 5	0.050 8	0.060 4

n	7%	8%	9%	10%	12%	15%	20%	25%	30%
1	1.070 0	1.080 0	1.090 0	1.100 0	1.120 0	0.150 0	1.200 0	1.250 0	1.300 0
2	0.553 1	0.560 8	0.568 5	0.576 2	0.591 7	0.615 1	0.654 5	0.694 4	0.734 8
3	0.381 1	0.388 0	0.395 1	0.402 1	0.416 3	0.438 0	0.474 7	0.512 3	0.550 6
4	0.295 2	0.301 9	0.308 7	0.315 5	0.329 2	0.350 3	0.386 3	0.423 4	0.461 6
5	0.243 9	0.250 5	0.257 1	0.263 8	0.277 4	0.298 3	0.334 4	0.371 8	0.410 6
6	0.209 8	0.216 3	0.222 9	0.229 6	0.243 2	0.264 2	0.300 7	0.338 8	0.378 4
7	0.185 6	0.192 1	0.198 7	0.205 4	0.219 1	0.240 4	0.277 4	0.316 3	0.356 9
8	0.167 5	0.174 0	0.180 7	0.187 4	0.201 3	0.222 9	0.260 6	0.300 4	0.341 9
9	0.153 5	0.160 1	0.166 8	0.173 6	0.187 7	0.209 6	0.248 1	0.288 8	0.331 2
10	0.142 4	0.149 0	0.155 8	0.162 7	0.177 0	0.199 3	0.238 5	0.280 1	0.323 5
11	0.133 4	0.140 1	0.146 9	0.154 0	0.168 4	0.191 1	0.231 1	0.273 5	0.317 7
12	0.125 9	0.132 7	0.139 7	0.146 8	0.161 4	0.184 5	0.225 3	0.268 4	0.313 5
13	0.119 7	0.126 5	0.133 6	0.140 8	0.155 7	0.179 1	0.220 6	0.264 5	0.310 2
14	0.114 3	0.121 3	0.128 4	0.135 7	0.150 9	0.174 7	0.216 9	0.261 5	0.307 8
15	0.109 8	0.116 8	0.124 1	0.131 5	0.146 8	0.171 0	0.213 9	0.259 1	0.306 0
16	0.105 9	0.113 0	0.120 3	0.127 8	0.143 4	0.167 9	0.211 4	0.257 2	0.304 6
17	0.102 4	0.109 6	0.117 0	0.124 7	0.140 5	0.165 4	0.209 4	0.255 8	0.303 5
18	0.099 4	0.106 7	0.114 2	0.121 9	0.137 9	0.163 2	0.207 8	0.254 6	0.302 7
19	0.096 8	0.104 1	0.111 7	0.119 5	0.135 8	0.161 3	0.206 5	0.253 7	0.302 1
20	0.094 4	0.101 9	0.109 5	0.117 5	0.133 9	0.159 8	0.205 4	0.252 9	0.301 6
21	0.092 3	0.099 8	0.107 6	0.115 6	0.132 2	0.158 4	0.204 4	0.252 3	0.301 2
22	0.090 4	0.098 0	0.105 9	0.114 0	0.130 8	0.157 3	0.203 7	0.251 9	0.300 9
23	0.088 7	0.096 4	0.104 4	0.112 6	0.129 6	0.156 3	0.203 1	0.251 5	0.300 7
24	0.087 2	0.095 0	0.103 0	0.111 3	0.128 5	0.155 4	0.202 5	0.251 2	0.300 6
25	0.085 8	0.093 7	0.101 8	0.110 2	0.127 5	0.154 7	0.202 1	0.250 9	0.300 4
26	0.084 6	0.092 5	0.100 7	0.109 2	0.126 7	0.154 1	0.201 8	0.250 8	0.300 3
27	0.083 4	0.091 4	0.099 7	0.108 3	0.125 9	0.153 5	0.201 5	0.250 6	0.300 3
28	0.082 4	0.090 5	0.098 9	0.107 5	0.125 2	0.153 1	0.201 2	0.250 5	0.300 2
29	0.081 4	0.089 6	0.098 1	0.106 7	0.124 7	0.152 7	0.201 0	0.250 4	0.300 1
30	0.080 6	0.088 8	0.097 3	0.106 1	0.124 1	0.152 3	0.200 8	0.250 3	0.300 1
31	0.079 8	0.088 1	0.096 7	0.105 5	0.123 7	0.152 0	0.200 7	0.250 2	0.300 1
32	0.079 1	0.087 5	0.096 1	0.105 0	0.123 3	0.151 7	0.200 6	0.250 2	0.300 1
33	0.078 4	0.086 9	0.095 6	0.104 5	0.122 9	0.151 5	0.200 5	0.250 2	0.300 1
34	0.077 8	0.086 3	0.095 1	0.104 1	0.122 6	0.151 3	0.200 4	0.250 1	0.300 0
35	0.077 2	0.085 8	0.094 6	0.103 7	0.122 3	0.151 1	0.200 3	0.250 1	0.300 0
40	0.075 0	0.083 9	0.093 0	0.102 3	0.121 3	0.150 6	0.200 1	0.250 0	0.300 0
45	0.073 5	0.082 6	0.091 9	0.101 4	0.120 7	0.150 3	0.200 1	0.250 0	0.300 0
50	0.072 5	0.081 7	0.091 2	0.100 9	0.120 4	0.150 1	0.200 0	0.250 0	0.300 0
55	0.071 7	0.081 2	0.090 8	0.100 5	0.120 2	0.150 1	0.200 0	0.250 0	0.300 0
60	0.071 2	0.080 8	0.090 5	0.100 3	0.120 1	0.150 0	0.200 0	0.250 0	0.300 0
65	0.070 9	0.080 5	0.090 3	0.100 2	0.120 1	0.150 0	0.200 0	0.250 0	0.300 0
70	0.070 6	0.080 4	0.090 2	0.100 1	0.120 0	0.150 0	0.200 0	0.250 0	0.300 0
75	0.070 4	0.080 2	0.090 1	0.100 1	0.120 0	0.150 0	0.200 0	0.250 0	0.300 0
80	0.070 3	0.080 2	0.090 1	0.100 0	0.120 0	0.150 0	0.200 0	0.250 0	0.300 0
85	0.070 2	0.080 1	0.090 1	0.100 0	0.120 0	0.150 0	0.200 0	0.250 0	0.300 0

附表 7   等差序列终值系数（F/G，i，n）表

n	1%	2%	3%	4%	5%	6%
1	0	0	0	0	0	0
2	1.000 0	1.000 0	1.000 0	1.000 0	1.000 0	1.000 0
3	3.010 0	3.020 0	3.030 0	3.040 0	3.050 0	3.060 0
4	6.040 1	6.080 4	6.120 9	6.161 6	6.202 5	6.243 6
5	10.100 5	10.202 0	10.304 5	10.408 1	10.512 6	10.618 2
6	15.201 5	15.406 0	15.613 7	15.824 4	16.038 3	16.255 3
7	21.353 5	21.714 2	22.082 1	22.457 4	22.840 2	23.230 6
8	28.567 1	29.148 5	29.744 5	30.355 7	30.982 2	31.624 5
9	36.852 7	37.731 4	38.636 9	39.569 9	40.531 3	41.521 9
10	46.221 3	47.486 0	48.796 0	50.152 7	51.557 9	53.013 2
11	56.683 5	58.435 8	60.259 9	62.158 8	64.135 7	66.194 0
12	68.250 3	70.604 5	73.067 7	75.645 1	78.342 5	81.165 7
13	80.932 8	84.016 6	87.259 7	90.670 9	94.259 7	98.035 6
14	94.742 1	98.696 9	102.877 5	107.297 8	111.972 6	116.917 8
15	109.689 6	114.670 8	119.963 8	125.589 7	131.571 3	137.932 8
16	125.786 4	131.964 3	138.562 7	145.613 3	153.149 8	161.208 8
17	143.044 3	150.603 5	158.719 6	167.437 8	176.807 3	186.881 3
18	161.474 8	170.615 6	180.481 2	191.135 3	202.647 7	215.094 2
19	181.089 5	192.027 9	203.895 6	216.780 7	230.780 1	245.999 9
20	201.900 4	214.868 5	229.012 5	244.452 0	261.319 1	279.759 9
21	223.919 4	239.165 9	255.882 9	274.230 0	294.385 0	316.545 4
22	247.158 6	264.949 2	284.559 3	306.199 2	330.104 3	356.538 2
23	271.630 2	292.248 2	315.096 1	340.447 2	368.609 5	399.930 5
24	297.346 5	321.093 1	347.549 0	377.065 1	410.040 0	446.926 3
25	324.320 0	351.515 0	381.975 5	416.147 7	454.542 0	497.741 9
26	352.563 1	383.545 3	418.434 7	457.793 6	502.269 1	552.606 4
27	382.088 8	417.216 2	456.987 8	502.105 4	553.382 5	611.762 8
28	412.909 7	452.560 5	497.697 4	549.189 6	608.051 7	675.468 5
29	445.038 8	489.611 7	540.628 3	599.157 2	666.454 2	743.996 6
30	478.489 2	528.404 0	585.847 2	652.123 4	728.777 0	817.636 4
31	513.274 0	568.972 0	633.422 6	708.208 4	759.218 0	896.694 6
32	549.406 8	611.351 5	683.425 3	767.536 7	865.976 6	981.496 3
33	586.900 9	655.578 5	735.928 0	830.238 2	941.275 4	1 072.386 0
34	625.770 0	701.690 1	790.005 9	896.447 7	1 021.339 2	1 169.729 2
35	666.027 6	749.723 9	848.736 1	966.305 6	1 106.406 1	1 273.913 0
36	707.687 9	799.718 4	909.198 1	1 039.957 8	1 196.726 5	1 385.347 8
37	750.764 7	851.712 7	972.474 1	1 117.556 2	1 292.562 8	1 504.468 6
38	795.273 4	905.747 0	1 038.648 3	1 199.258 4	1 394.190 9	1 631.736 8
39	841.225 1	961.861 9	1 107.807 6	1 285.228 7	1 501.900 5	1 767.641 0
40	888.637 3	1 020.099 2	1 180.042 0	1 375.637 9	1 615.995 5	1 912.699 4
45	1 148.107 5	1 344.635 5	1 590.662 0	1 900.734 8	2 294.003 1	2 795.725 2
50	1 446.318 2	1 728.970 1	2 093.228 9	2 566.677 1	3 186.959 9	4 005.598 4

n	7%	8%	9%	10%	15%	20%
1	0	0	0	0	0	0
2	1.000 0	1.000 0	1.000 0	1.000 0	1.000 0	1.000 0
3	3.070 0	3.080 0	3.090 0	3.100 0	3.150 0	3.200 0
4	6.284 9	6.326 4	6.368 1	6.410 0	6.622 5	6.840 0
5	10.724 8	10.832 5	10.941 2	11.051 0	11.615 9	12.208 0
6	16.475 6	16.699 1	16.925 9	17.156 1	18.358 3	19.649 6
7	23.628 9	24.035 0	24.449 3	24.871 7	27.112 0	29.579 5
8	32.282 9	32.957 8	33.649 7	34.358 9	38.178 8	42.495 4
9	42.542 7	43.594 5	44.678 2	45.794 8	51.905 6	58.994 5
10	54.520 7	56.082 0	57.699 2	59.374 2	68.691 5	79.793 4
11	68.337 1	70.568 6	72.892 1	75.311 7	88.995 2	105.752 1
12	84.120 7	87.214 1	90.452 4	93.842 8	113.344 4	137.902 5
13	102.009 2	106.191 2	110.593 2	115.227 1	142.346 1	177.483 0
14	122.149 8	127.686 5	133.546 5	139.749 8	176.698 0	225.979 6
15	144.700 3	151.901 4	159.565 7	167.724 8	217.202 7	285.175 5
16	169.829 3	179.053 5	188.926 7	199.497 3	264.783 1	357.210 6
17	197.717 4	209.377 8	221.930 1	235.447 0	320.500 6	444.652 8
18	228.557 6	243.128 0	258.903 8	275.991 7	385.575 7	550.583 3
19	262.556 6	280.578 3	300.205 1	321.590 9	461.412 1	678.700 0
20	299.935 6	322.024 6	346.223 6	372.750 0	549.623 9	833.440 0
21	340.931 1	367.786 5	397.383 7	430.025 0	652.067 5	1 020.128 0
22	385.796 3	418.209 4	454.148 2	494.027 5	770.877 6	1 245.153 6
23	434.802 0	473.666 2	517.021 5	565.430 2	908.509 2	1 516.184 3
24	488.238 2	534.559 5	586.553 5	644.973 3	1 067.785 6	1 842.421 2
25	546.414 8	601.324 2	663.343 3	733.470 6	1 251.953 4	2 234.905 4
26	609.663 9	674.430 2	748.044 2	831.817 7	1 464.746 5	2 706.886 5
27	678.340 3	754.384 6	841.368 2	940.999 4	1 710.458 4	3 274.263 8
28	752.824 2	841.735 4	944.091 3	1 062.099 4	1 994.027 2	3 956.116 6
29	833.521 8	937.074 1	1 057.059 5	1 196.309 3	2 321.131 3	4 775.339 9
30	920.868 4	1 041.040 1	1 181.194 9	1 344.940 2	2 698.301 0	5 759.407 8
31	1 015.329 2	1 154.323 4	1 317.502 4	1 509.434 3	3 133.046 1	6 941.289 4
32	1 117.402 2	1 277.669 2	1 467.077 6	1 691.377 7	3 634.003 0	8 360.547 3
33	1 227.620 4	1 411.882 8	1 631.114 6	1 892.515 4	4 211.103 5	10 064.656 8
34	1 346.553 8	1 557.833 3	1 810.914 9	2 114.767 0	4 875.769 0	12 110.588 1
35	1 474.812 5	1 716.460 0	2 007.897 3	2 360.243 7	5 641.134 4	14 566.705 7
36	1 613.049 4	1 888.776 9	2 223.608 0	2 631.268 1	6 522.304 5	17 515.046 9
37	1 761.963 9	2 075.879 0	2 459.732 8	2 940.394 9	7 536.650 2	21 054.056 3
38	1 922.300 3	2 278.949 3	2 718.108 7	3 240.434 3	8 704.147 7	25 301.867 5
39	2 094.861 3	2 499.265 3	3 000.738 5	3 624.477 8	9 787.770 0	30 400.241 0
40	2 280.501 6	2 738.206 5	3 309.804 9	4 025.925 6	11 593.935 4	36 519.289 2
45	3 439.275 9	4 268.820 2	5 342.874 8	6 739.048 4	23 600.856 4	91 181.549 7
50	5 093.270 4	6 547.127 0	8 500.924 8	11 139.085 3	47 784.775 2	227 235.953 8

附表 8　　　　　　　　　　　　**等差序列现值系数（P/G, i, n）表**

n	1%	2%	3%	4%	5%	6%
1	0	0	0	0	0	0
2	0.980 3	0.961 2	0.942 6	0.924 6	0.907 0	0.890 0
3	2.921 5	2.845 8	2.772 9	2.702 5	2.634 7	2.569 2
4	5.840 4	5.617 3	5.438 3	5.267 0	5.102 8	4.945 5
5	9.610 3	9.240 3	8.888 8	8.554 7	8.236 9	7.934 5
6	14.320 5	13.680 1	13.076 2	12.506 2	11.968 0	11.459 4
7	19.916 8	18.903 5	17.954 7	17.065 7	16.232 1	15.449 7
8	26.381 2	24.877 9	23.480 6	22.180 6	20.970 0	19.841 6
9	33.695 9	31.572 0	29.611 9	27.801 3	26.126 8	24.576 8
10	41.843 5	38.955 1	36.308 8	33.881 4	31.652 0	29.602 3
11	50.806 7	46.997 7	43.533 0	40.377 2	37.498 8	34.870 2
12	60.568 7	55.671 2	51.248 2	47.247 7	43.624 1	40.336 9
13	71.112 6	64.947 5	59.419 6	54.454 6	49.987 9	45.962 9
14	82.422 1	74.799 9	68.014 1	61.961 8	56.553 8	51.712 8
15	94.481 0	85.202 1	77.000 2	69.735 5	63.288 0	57.554 6
16	107.273 4	96.128 8	86.347 7	77.744 1	70.159 7	63.459 2
17	120.783 4	107.555 4	96.028 0	85.958 1	77.140 5	69.401 1
18	134.995 7	119.458 1	106.013 7	94.349 8	84.204 3	75.356 9
19	149.895 0	131.813 9	116.278 8	102.893 3	91.327 5	81.306 2
20	165.466 4	144.600 3	126.798 7	111.564 7	98.488 4	87.230 4
21	181.695 0	157.795 9	137.549 6	120.341 4	105.667 3	93.113 6
22	198.566 3	171.379 5	148.509 4	129.202 4	112.846 1	98.941 1
23	216.066 0	185.330 9	159.656 6	138.128 4	120.008 7	104.700 7
24	234.180 0	199.630 5	170.971 1	147.101 2	127.140 2	110.381 2
25	252.894 5	214.259 2	182.433 6	156.104 0	134.227 5	115.973 2
26	272.195 7	229.198 7	194.026 0	165.121 2	141.258 5	121.468 4
27	292.070 2	244.431 1	205.730 9	174.138 5	148.222 6	126.860 0
28	312.504 7	259.939 1	217.532 0	183.142 4	155.110 1	132.142 0
29	333.486 3	275.706 4	229.413 7	192.120 6	161.912 6	137.309 6
30	355.002 1	291.716 4	241.361 3	201.061 8	168.622 6	142.358 8
31	377.039 4	307.953 8	253.360 9	209.955 6	175.233 3	147.268 4
32	399.585 8	324.403 5	265.399 3	218.792 4	181.739 2	152.090 1
33	422.629 1	341.050 8	277.464 2	227.563 4	188.135 1	156.768 1
34	446.157 2	357.881 7	289.543 7	236.260 7	194.146 8	161.319 2
35	470.158 3	374.882 6	301.626 7	244.876 8	200.580 7	165.742 7
36	494.620 7	392.040 5	313.702 8	253.405 2	206.623 7	170.038 7
37	519.532 9	409.342 4	325.762 2	261.840 0	212.543 4	174.207 2
38	544.883 5	426.776 4	337.779 6	270.175 4	218.337 8	178.249 0
39	570.661 9	444.330 4	349.794 2	278.407 0	224.005 4	182.165 2
40	596.856 1	461.993 1	361.749 9	286.530 3	229.545 2	185.956 8
45	733.703 7	551.565 2	420.632 5	325.402 8	255.314 5	203.109 6
50	879.417 6	642.360 6	477.480 3	361.163 8	277.914 8	217.457 4

n	7%	8%	9%	10%	15%	20%
1	0	0	0	0	0	0
2	0.873 4	0.857 3	0.841 7	0.826 4	0.756 1	0.694 4
3	2.506 0	2.445 0	2.386 0	2.329 1	2.071 2	1.851 9
4	4.794 7	4.650 1	4.511 3	4.378 1	3.786 4	3.298 6
5	7.646 7	7.372 4	7.111 0	6.861 8	5.775 1	4.906 1
6	10.978 4	10.523 3	10.092 4	9.684 2	7.936 8	6.580 6
7	14.714 9	14.024 2	13.374 6	12.763 1	10.192 4	8.255 1
8	18.788 9	17.806 1	16.887 7	16.028 7	12.480 7	9.833 1
9	23.140 4	21.808 1	20.571 1	19.421 5	14.754 8	11.433 5
10	27.715 6	25.976 8	24.372 8	22.891 3	16.979 5	12.887 1
11	32.466 5	30.265 7	28.248 1	26.396 3	19.128 9	14.233 0
12	37.350 6	34.633 9	32.159 0	29.901 2	21.184 9	15.466 7
13	42.330 2	39.046 3	36.073 1	33.377 2	23.132 5	16.588 3
14	47.371 8	43.472 3	39.963 3	36.800 5	24.972 5	17.600 8
15	52.446 1	47.885 7	43.806 9	40.152 0	26.693 0	18.509 5
16	57.527 1	52.264 0	47.584 9	43.416 4	28.296 0	19.320 8
17	62.592 3	56.588 3	51.282 1	46.581 9	29.782 8	20.041 9
18	67.621 9	60.842 6	54.886 0	49.639 5	31.156 5	20.680 5
19	72.599 1	65.013 4	58.386 8	52.582 7	32.421 3	21.243 9
20	77.509 1	69.089 8	61.777 0	55.406 9	33.582 2	21.739 5
21	82.339 3	73.062 9	65.050 9	58.109 5	34.644 8	22.174 2
22	87.079 3	76.925 7	68.204 8	60.689 3	35.615 0	22.554 6
23	91.720 1	80.672 6	71.235 9	63.146 2	36.498 8	22.886 7
24	96.254 5	84.299 7	74.143 3	65.481 3	37.302 3	23.176 0
25	100.676 5	87.804 1	76.926 5	67.696 4	38.031 4	23.427 6
26	104.981 4	91.184 2	79.586 3	69.794 0	38.691 8	23.646 0
27	109.165 6	94.439 0	82.124 1	71.777 3	39.289 0	23.835 3
28	113.226 4	97.568 7	84.541 9	73.649 5	39.828 3	23.999 1
29	117.162 2	100.573 8	86.842 2	75.414 6	40.314 6	24.140 6
30	120.971 8	103.455 8	89.028 0	77.076 6	40.752 6	24.262 8
31	124.655 0	106.216 3	91.102 4	78.639 5	41.146 6	24.368 1
32	128.212 0	108.857 5	93.069 0	80.107 8	41.500 6	24.458 8
33	131.643 5	111.381 9	94.931 4	81.485 6	41.818 4	24.536 8
34	134.950 7	113.792 4	96.693 5	82.777 3	42.103 3	24.603 8
35	138.135 3	116.092 0	98.359 0	83.987 2	42.358 6	24.661 4
36	141.199 0	118.283 9	99.931 9	85.119 4	42.587 2	24.710 8
37	144.144 1	120.371 3	101.416 2	86.178 1	42.791 6	24.753 1
38	146.973 0	122.357 9	102.815 9	87.167 3	42.974 3	24.789 4
39	149.688 3	124.247 0	104.134 5	88.090 8	43.137 4	24.820 4
40	152.292 8	126.042 2	105.376 2	88.952 5	43.283 0	24.846 9
45	163.755 9	133.733 1	110.556 1	92.454 4	43.805 1	24.931 0
50	172.905 1	139.592 8	114.325 1	94.888 9	44.095 8	24.969 8

附表 9 　　　　　　　　　等差序列年值系数（A/G，i，n）表

n	1%	2%	3%	4%	5%	6%
1	0	0	0	0	0	0
2	0.497 5	0.495 0	0.492 6	0.490 2	0.487 8	0.485 4
3	0.993 4	0.986 8	0.980 3	0.973 9	0.967 5	0.961 2
4	1.487 6	1.475 2	1.463 1	1.451 0	1.439 1	1.427 2
5	1.980 1	1.960 4	1.940 9	1.921 6	1.902 5	1.883 6
6	2.471 0	2.442 3	2.413 8	2.385 7	2.357 9	2.330 4
7	2.960 2	2.920 8	2.881 9	2.843 3	2.805 2	2.767 6
8	3.447 8	3.396 1	3.345 0	3.294 4	3.244 5	3.195 2
9	3.933 7	3.868 1	3.803 2	3.739 1	3.675 8	3.613 3
10	4.417 9	4.336 7	4.256 5	4.177 3	4.099 1	4.022 0
11	4.900 5	4.802 1	4.704 9	4.609 0	4.514 4	4.421 3
12	5.381 5	5.264 2	5.148 5	5.034 3	4.921 9	4.811 3
13	5.860 7	5.723 1	5.587 2	5.453 3	5.321 5	5.192 0
14	6.338 4	6.178 6	6.021 0	5.865 9	5.713 3	5.563 5
15	6.814 3	6.630 9	6.450 0	6.272 1	6.097 3	5.926 0
16	7.288 6	7.079 9	6.874 2	6.672 0	6.473 6	6.279 4
17	7.761 3	7.525 6	7.293 6	7.065 6	6.842 3	6.624 0
18	8.232 3	7.968 1	7.708 1	7.453 0	7.203 4	6.959 7
19	8.701 7	8.407 3	8.117 9	7.834 2	7.556 9	7.286 7
20	9.169 4	8.843 3	8.522 9	8.209 1	7.903 0	7.605 1
21	9.635 4	9.276 0	8.923 1	8.577 9	8.241 6	7.915 1
22	10.099 8	9.705 5	9.318 6	8.940 7	8.573 0	8.216 6
23	10.562 6	10.131 7	9.709 3	9.297 3	8.897 1	8.509 9
24	11.023 7	10.554 7	10.095 4	9.647 9	9.214 0	8.795 1
25	11.483 1	10.974 5	10.476 8	9.992 5	9.523 8	9.072 2
26	11.940 9	11.391 0	10.853 5	10.331 2	9.826 6	9.341 4
27	12.397 1	11.804 3	11.225 5	10.664 0	10.122 4	9.602 9
28	12.851 6	12.214 5	11.593 0	10.990 9	10.411 4	9.856 8
29	13.304 4	12.621 4	11.955 3	11.312 0	10.693 6	10.103 2
30	13.755 7	13.025 1	12.314 1	11.627 4	10.969 1	10.342 2
31	14.205 2	13.425 7	12.667 8	11.937 1	11.238 1	10.574 0
32	14.653 2	13.823 0	13.016 9	12.241 1	11.500 5	10.798 8
33	15.099 5	14.217 2	13.361 6	12.539 6	11.756 6	11.016 6
34	15.544 1	14.608 3	13.701 8	12.832 4	12.006 3	11.227 6
35	15.987 1	14.996 1	14.037 5	13.119 8	12.249 8	11.431 9
36	16.428 5	15.380 9	14.368 8	13.401 8	12.487 2	11.629 8
37	16.868 2	15.762 5	14.695 7	13.678 4	12.718 6	11.821 3
38	17.306 3	16.140 9	15.018 2	13.949 7	12.944 0	12.006 5
39	17.306 3	16.516 3	15.336 3	14.215 7	13.163 6	12.185 7
40	18.177 6	16.888 5	15.650 2	14.476 5	13.377 5	12.359 0
45	20.327 3	18.703 4	17.155 6	15.704 7	14.364 4	13.141 3
50	22.436 3	20.442 0	18.557 5	16.812 2	15.223 3	13.796 4

n	7%	8%	9%	10%	15%	20%
1	0	0	0	0	0	0
2	0.483 1	0.480 8	0.478 5	0.476 2	0.465 1	0.454 5
3	0.954 9	0.948 7	0.942 6	0.936 6	0.907 1	0.879 1
4	1.415 5	1.404 0	1.392 5	1.381 2	1.326 3	1.274 2
5	1.865 0	1.846 5	1.828 2	1.810 1	1.722 8	1.640 5
6	2.303 2	2.276 3	2.249 8	2.223 6	2.097 2	1.978 8
7	2.730 4	2.693 7	2.657 4	2.621 6	2.449 8	2.290 2
8	3.146 5	3.098 5	3.051 2	3.004 5	2.781 3	2.575 6
9	3.551 7	3.491 0	3.431 2	3.372 4	3.092 2	2.836 4
10	3.946 1	3.871 3	3.797 8	3.725 5	3.383 2	3.073 9
11	4.329 6	4.239 5	4.151 0	4.064 1	3.654 9	3.289 3
12	4.702 5	4.595 7	4.491 0	4.388 4	3.908 2	3.484 1
13	5.064 8	4.940 2	4.818 2	4.698 8	4.143 8	3.659 7
14	5.416 7	5.273 1	5.132 6	4.995 5	4.362 4	3.817 5
15	5.758 3	5.594 5	5.434 6	5.278 9	4.565 0	3.958 8
16	6.089 7	5.904 6	5.724 5	5.549 3	4.752 2	4.085 1
17	6.411 0	6.203 7	6.002 4	5.807 1	4.925 1	4.197 6
18	6.722 5	6.492 0	6.268 7	6.052 6	5.084 3	4.297 5
19	7.024 2	6.769 7	6.523 6	6.286 1	5.230 7	4.386 1
20	7.316 3	7.036 9	6.767 4	6.508 1	5.365 1	4.464 3
21	7.599 0	7.294 0	7.000 6	6.718 9	5.488 3	4.533 4
22	7.872 5	7.541 2	7.223 2	6.918 9	5.601 0	4.594 1
23	8.136 9	7.778 6	7.435 7	7.108 5	5.704 0	4.647 5
24	8.392 3	8.006 6	7.638 4	7.288 1	5.797 9	4.694 3
25	8.639 1	8.225 4	7.831 6	7.458 0	5.883 4	4.735 2
26	8.877 3	8.435 2	8.015 6	7.618 6	5.961 2	4.770 9
27	9.107 2	8.636 3	8.190 6	7.770 4	6.031 9	4.802 0
28	9.328 9	8.828 9	8.357 1	7.913 7	6.096 0	4.829 1
29	9.542 7	9.013 3	8.515 4	8.048 9	6.154 1	4.852 7
30	9.748 7	9.189 7	8.665 7	8.176 2	6.206 6	4.873 1
31	9.947 1	9.358 4	8.808 3	8.296 2	6.254 1	4.890 8
32	10.138 1	9.519 7	8.943 6	8.409 1	6.297 0	4.906 1
33	10.321 9	9.673 7	9.071 8	8.515 2	6.335 7	4.919 4
34	10.498 7	9.820 8	9.193 3	8.614 9	6.370 5	4.930 8
35	10.668 7	9.961 1	9.308 3	8.708 6	6.401 9	4.940 6
36	10.823 1	10.094 9	9.417 1	8.796 5	6.430 1	4.949 1
37	10.989 1	10.222 5	9.520 0	8.878 9	6.455 4	4.956 4
38	11.139 8	10.344 0	9.617 2	8.956 2	6.478 1	4.962 7
39	11.284 5	10.459 7	9.709 0	9.028 5	6.498 5	4.968 1
40	11.423 3	10.569 9	9.795 7	9.096 2	6.516 8	4.972 8
45	12.036 0	11.044 7	10.160 3	9.374 0	6.583 0	4.987 7
50	12.528 7	11.410 7	10.429 5	9.570 4	6.620 5	4.994 5

参 考 文 献

[1]　何俊．建筑工程经济．武汉：华中科技大学出版社，2012.

[2]　肖跃军，周东明，赵利，等．工程经济学．北京：高等教育出版社，2004.

[3]　邵颖红，黄渝祥．工程经济学概论．北京：电子工业出版社，2003.

[4]　叶思．工程经济学．北京：科学出版社，2004.

[5]　杜葵．工程经济学．重庆：重庆大学出版社，2001.

[6]　邓卫．建筑工程经济．北京：清华大学出版社，2000.

[7]　林晓言，王红梅．技术经济学教程．北京：经济管理出版社，2000.

[8]　黄渝祥，邢爱芳．工程经济学．上海：同济大学出版社，1995.

[9]　孙怀玉，王子学，宋冀东，等．实用技术经济学．北京：机械工业出版社，2003.